요점만 배우는 알기 쉬운

미분방정식

이규봉 지음

KM 경문사

머리말

미분방정식은 응용수학이나 자연과학 또는 공학을 공부하는 학생에게 매우 중요한 과목이다. 이 분야는 18세기 스위스의 수학자인 오일러(Leonhard Euler, 1701~1783)에 의해 만들어지고 발전되었다.

미분방정식의 중요도에 어울리게 다양한 책들이 출판되어 있다. 대부분 대학에서 미분방정식은 3학점으로 한 학기만 이수하게 되어 있다. 그러나 대부분의 책들은 한 학기에 마치기에는 다양하고 방대한 내용을 담고 있다. 그래서 한 학기에 책에 있는 모든 내용을 다 하기가 매우 힘들다.

이 책은 필자가 근무하는 대학의 수학과 학생 수준에 맞추어 한 학기에 충분히 끝낼 수 있는 내용으로 잘 편집되어 있다. 매주 3시간 15주 강의를 기본으로 하여 한 학기에 문제 풀이까지 포함한 모든 내용을 강의할 수 있도록 했다. 내용은 가능한 알기 쉽게 설명했으며 예제 다음에 제공되는 문제를 풀어 한 번 더 이해를 돕게 했다. 매 장마다 제공되는 연습문제는 단원을 이해하는 데 도움이 되도록 했다. 문제와 연습문제의 홀수 번에 한해 그 해답을 제공한다.

이 교재를 사용할 때는 먼저 수학적인 이론에 대한 설명을 하고 간단한 예제를 통해 이론을 설명한다. 그런 다음 관련된 문제를 다시 한 번 풀어준다. 시간이 충분하면 수업 시간에 학생들이 직접 연습문제까지 모두 풀 수 있게 하는 것을 권장한다. 시간이 충분하지 않으면 (*)를 표시한 절은 생략해도 좋다.

대전 배재골 연자산 자락에서

2013년 8월 이규봉

gblee@pcu.ac.kr

차례

제5장 고차 미분방정식

제6장 상수계수 고차 미분방정식

제7장 용수철 운동과 공진현상

제8장 라플라스 변환

제1장 수학적 모델과 미분방정식

1.1 미분방정식으로 나타난 수학적 모델

우리는 각 분야에서 늘 새로운 문제에 접하게 된다. 문명은 이러한 문제를 해결하면서 발전했다. 현실 문제를 해결하기 위한 방법에는 여러 가지가 있으나 그것들의 공통점은 우선 문제를 파악하고, 문제에 맞는 가정을 제시하는 것이다. 수학은 이러한 문제를 해결하는 데 가장 과학적인 근거를 제시한다.

생각해 보기

수학은 현실의 문제를 해결하는 데 어떻게 도움을 주는가?

적절한 가정 어떤 아래 문제를 수학적으로 표현할 수 있을 때 이러한 표현을 이 문제의 **수학적 모델**이라고 한다. 수학적 모델은 주로 미분방정식으로 표현되며, 이 방정식의 해를 구하고 현실의 문제에 타당한지를 분석한다. 이 해가 그 문제를 잘 설명하면 우리는 미래를 예측할 수 있고 따라서 결정을 할 수 있다. 이처럼 수학은 많은 현실의 문제를 해결하는 데 도움을 준다. 이러한 예를 살펴보자.

예제 1 낙하운동

높은 곳에서 물체를 떨어뜨리면 물체는 중력에 의해 아래로 떨어진다. 시간에 따라 얼마나 멀리 내려가는지 알아보자. 미분적분학에서 우리는 거리를 시간에 관하여 미분하면 속도가 되고, 한 번 더 미분하면 가속도가 된다는 것을 배웠다.

$s(t)$를 t시간 후 떨어진 거리라고 하자. 그러면 가속도는 $s''(t)$이다. 뉴턴(Newton)이 발견한 물리법칙에 의하면 공기저항이 없다고 가정할 때, 낙하운동의 가속도는 중력가속도이다. 중력가속도는 $g = 9.8\text{m/s}^2$으로 알려져 있다. 이 의미는 매초마다 떨어지는 물체의 속도가 9.8m씩 빨라진다는 것이다. 물체가 떨어지는 가속도가 바로 중력가속도이므로 떨어져 내려간 거리를 구하는 수학적 모델은 다음과 같다.

$$\frac{d^2s}{dt^2} = g$$

떨어질 때 아무런 힘을 가하지 않은 자유낙하라면 처음 거리와 처음 속도가 모두 0이므로 $s(0)=s'(0)=0$이 된다. 따라서 낙하운동은 다음과 같은 수학적 모델로 표현할 수 있다.

$$\frac{d^2s}{dt^2}=g, \;\; s(0)=s'(0)=0$$

양변을 두 번 적분하고 초기값을 대입하면 $s=\frac{1}{2}gt^2$이다. 따라서 1초 후에는 4.9m, 2초 후에는 19.6m 떨어짐을 알 수 있다. 떨어지는 속도 $v=gt$이므로 1초 후에는 9.8m/s, 2초 후에는 19.6m/s로 속도가 중력가속도의 배수로 점점 빨라짐을 알 수 있다. ■

문제 1 초속 10m 속도로 아래(또는 위)로 던졌을 때 수학적 모델을 각각 구하고 각 모델을 만족하는 거리함수를 구하라.

문제 2 처음 던지는 속도가 양수일 때와 음수일 때 던지는 그 차이점을 설명하라.

예제 2 **개체 증가와 방사능 배출**

아무런 천적이 없는 들판에 토끼가 살고 있다고 하자. 토끼의 개체 수가 많으면 많을수록 토끼의 개체 수는 더 많이 늘어날 것이다. 따라서 개체 수가 늘어나는 비율은 현재의 개체 수에 비례한다고 가정하자. 미분적분학에서 배운 것처럼 늘어나는 비율은 그 개체 수의 미분과 같다. 그러므로 개체 수를 $p(t)$라 하고 초기의 개체 수를 p_0, 늘어나는 비례상수를 $k>0$라고 하면 이 문제의 수학적 모델은 다음과 같다.

$$\frac{dp}{dt}=kp, \;\; p(0)=p_0$$

이 방정식을 만족하는 개체 수는

$$p(t)=p_0e^{kt}$$

가 된다(3장에서 배운다). p_0가 0이 아니면 개체 수 $p(t)$의 그래프는 [그림 1.1]과 같이 기하급수적으로 증가한다. 이러한 사실에서 맬서스(Malthus)는 “인구는 기하급수적으로 증가하지만 식량은 이 증가에 따라가지 못하므로

[그림 1.1] $p(t)=e^t$ **의 그래프**

산아 제한을 해야 한다."고 역설하는 **맬서스의 법칙**을 발표하여 사회에 많은 영향을 미쳤다.
이 법칙은 방사성 원소에도 사용된다. 방사성 원소가 붕괴되는 비율은 현재의 양에 비례하므로 현재의 양을 $y(0)=y_0$라 하면 수학적 모델은

$$\frac{dy}{dt}=-ky,\ \ y(0)=y_0,\ \ k>0$$

으로 비례상수의 부호를 제외하고는 개체 증가와 똑같다. 이 방정식을 만족하는 함수는

$$y(t)=y_0e^{-kt}$$

이고 그래프는 [그림 1.2]와 같다. 방사능은 소멸하여갈 뿐 절대로 없어지지 않는다. **반감기**란 방사능이 반으로 줄어드는 데 걸리는 시간을 말한다. ■

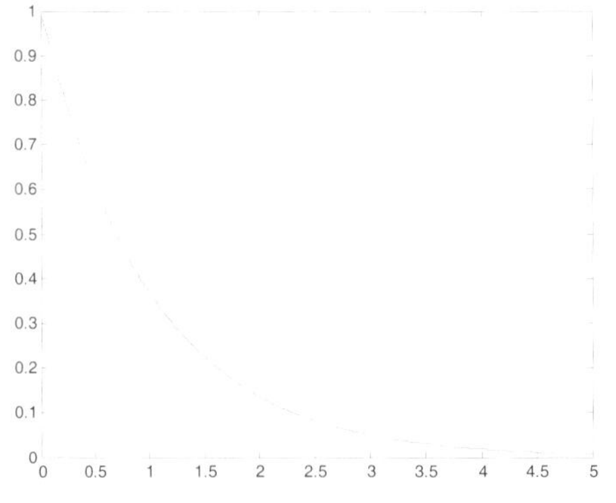

[그림 1.2] $y(t)=e^{-t}$ **의 그래프**

문제 3 10마리의 토끼의 매년 개체 상승률이 2라면 5년 후에 몇 마리가 될까?

문제 4 어떤 방사성 물질의 붕괴 비율이 매년 1이라면 반감기는 몇 년일까?

예제 3 스프링의 진동

스프링을 잡아당겼다 놓으면 제자리로 돌아간다. 이것은 훅(Hooke)의 법칙 "되돌아오는 힘 F는 늘어난 반대방향으로 작용하며 늘어난 거리 s에 비례한다."로 설명할 수 있다. 이것을 수식으로 표현하면 $F=ks$이고, 여기서 k는 스프링의 탄성계수이다.

[그림 1.3]에서 추를 달고 움직이지 않은 균형상태에서 추를 당기면 내려가려는 추의 힘과 잡아당기는 스프링 사이의 힘의 차이가 생겨 운동하게 된다.

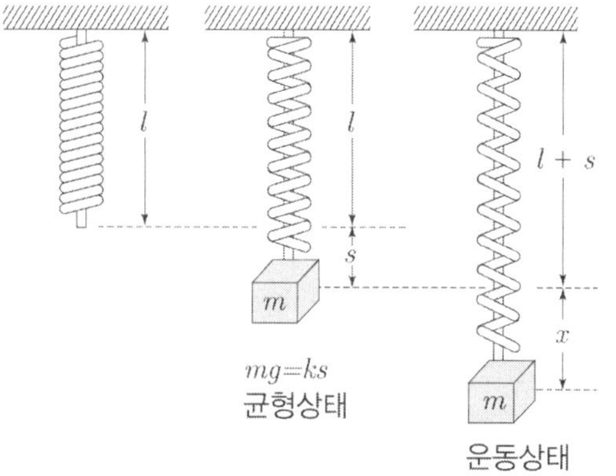

[그림 1.3] 스프링의 진동

뉴턴의 운동 제2법칙에 의하면 추에 작용하는 힘은 질량에 가속도를 곱한 것으로 $F=ma$이다. x를 추가 이동하는 거리라고 하면 힘은 반대방향으로 작용하므로 $a=-\dfrac{d^2x}{dt^2}$이다. 따라서 $F=-m\dfrac{d^2x}{dt^2}$가 된다. 그러므로 용수철 운동에 영향을 주는 외부의 힘이 모두 없다면 훅의 법칙과 뉴턴의 운동 제2법칙에 의하여 다음과 같은 수학적 모델을 얻는다.

$$-m\frac{d^2x}{dt^2}=kx$$

$\omega^2=\dfrac{k}{m}$라 하면

$$\frac{d^2x}{dt^2}+\omega^2 x=0$$

이다. 이 방정식을 만족하는 함수는 $x = A\cos\omega t + B\sin\omega t$($A$, B는 상수)로 시간에 따른 용수철의 진동 또는 주기운동을 나타낸다(3장에서 배운다). 참고로 질량에 중력가속도를 곱하면 무게가 된다. ■

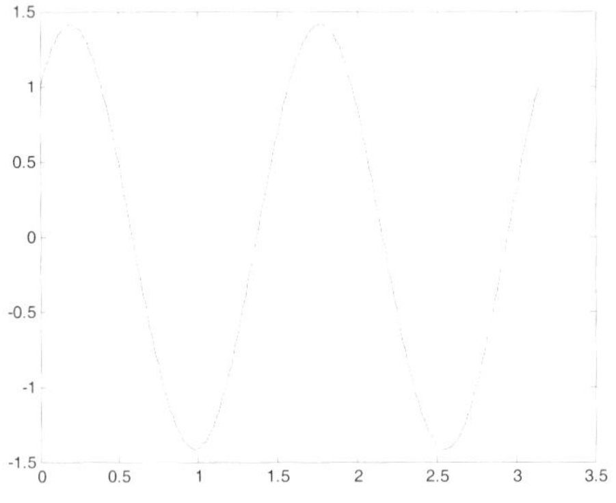

[그림 1.4] $x=\cos 4t+\sin 4t$**의 그래프**

위 예제들에서 본 것처럼 함수의 미분으로 이루어진 방정식을 **미분방정식**이라 한다. 많은 수학적 모델을 미분방정식으로 나타낼 수 있으므로 미분방정식을 만족하는 함수(이것을 미분방정식의 해라고 한다)를 구함으로써 현실의 문제를 해결할 수 있다.

문제 5 $x=\cos 4t+\sin 4t$를 합성하여 사인함수로 나타내라.

문제 6 $\omega=1$이라 하자. 추를 아래로 (또는 위로) 1만큼 당긴 후 가만히 놓을 때 추의 진동을 나타내는 수학적 모델을 각각 구하라.

1.2 미분방정식의 개요

생각해 보기

미분방정식은 어떠한 형태로 되어 있을까?

함수 $y=f(t)$에서 t를 독립변수, y를 t에 관한 종속변수라 한다. $z=f(x,\ y)$이면 $x,\ y$를 독립변수, z를 $x,\ y$에 관한 종속변수라 한다. 이 절에서는 미분방정식을 정의하고 이에 관련된 용어를 알아본다.

정의 1.1 미분방정식(Differential Equation)은 하나 이상의 독립변수와 그에 관한 종속변수의 도함수로 구성된 방정식을 말한다. 독립변수가 하나인 경우 **상미분방정식**(Ordinary DE), 둘 이상인 경우 **편미분방정식**(Partial DE)이라고 한다.

예제 4 상미분방정식과 편미분방정식

(1) 상미분방정식(x는 독립변수, $y,\ u$는 x에 관한 종속변수, n은 상수)

$$x^2y''+xy'+(x^2-n^2)=0,\ \ (y-1)dx+x\cos y\,dy=0,$$

$$\frac{dy}{dx}+\frac{du}{dx}=u+x^2y$$

(2) 편미분방정식($t,\ x,\ y$는 독립변수, u는 $t,\ x$ 또는 $x,\ y$에 관한 종속변수)

$$\frac{\partial u}{\partial t}=\frac{\partial^2 u}{\partial x^2},\ \ u_{tt}=u_{xx},\ \ \frac{\partial^2 u}{\partial x^2}+\frac{\partial^2 u}{\partial y^2}=0$$ ■

문제 7 다음 미분방정식은 상미분방정식인지 편미분방정식인지 구별하라.

(1) $xy^3dx+(y-2)e^{-2x}dy=0$

(2) $\dfrac{\partial^2 u}{\partial t^2}-2\dfrac{\partial u}{\partial t}=\dfrac{\partial^2 u}{\partial x^2}$

(3) $\dfrac{d^3y}{dx^3}+y^2=x$

예제 4의 (2)에서 첫째 방정식은 열방정식, 둘째 방정식은 파동방정식, 그리고 셋째 방정식은 라플라스 방정식이라고 한다. 독립변수가 둘 이상인 다변수함수, 예를 들면 $z=f(x,\ y)$의 x에 관한 미분은 $\dfrac{dz}{dx}$ 대신 $\dfrac{\partial z}{\partial x}$ 또는 z_x를 사용한다. 이 책에서는 상미분방정식만 다루므로 미분방정식하면 독립변수가 하나뿐인 상미분방정식을 뜻한다.

> **정의 1.2** 미분방정식에 들어 있는 도함수의 최고 계수를 미분방정식의 차수(order)라고 한다. 즉 미분방정식 $F(x,\ y,\ y',\ \cdots,\ y^{(n)})=0$의 차수는 n이다.

미분방정식 $y'=f(x,\ y)$에서 $F(x,\ y,\ y')=y'-f(x,\ y)$라 하면 $F(x,\ y,\ y')=0$이 되고 차수는 일차가 된다. $y'=f(x,\ y)$는 일차 미분방정식의 일반형이다.

예제 5 미분방정식의 차수

(1) $x^2y''+xy'+(x^2-n^2)=0$은 2차

(2) $(y-1)dx+x\cos y\,dy=0$은 1차

(3) $\dfrac{dy}{dx}+\dfrac{du}{dx}=u+x^2y$은 1차 ■

문제 8 다음 미분방정식의 차수를 구하라.

(1) $xy^3dx+(y-2)e^{-2x}dy=0$

(2) $y''+4y'+13y=4e^{-2x}\sin 3x$

(3) $\dfrac{d^3y}{dx^3}+y^2=x$

예제 5의 미분방정식에서 (1)의 경우 $F(x,\ y,\ y',\ y'')=x^2y''+xy'+(x^2-n^2)$, (2)는 $F(x,\ y,\ y')=y-1+x(\cos y)y'$, (3)은 $F(x,\ y,\ y',\ u,\ u')=y'+u'-u-x^2y$로 볼 수 있다.

함수의 미분은 선형의 성질을 갖고 있다. 다시 말하면, 함수를 먼저 더한 다음에 미분하는 것이나 각각 미분한 다음에 더한 것이나 그 결과는 같다. 즉

$$(f+g)'=f'+g',\ (kf)'=kf',\ k\text{는 상수}$$

정의 1.3 다음과 같은 형태의 미분방정식을 y에 관한 n차 **선형미분방정식**(Linear DE)이라고 하며 그렇지 않은 방정식을 **비선형미분방정식**(Nonlinear DE)이라고 한다.

$$a_n(x)\frac{d^n y}{dx^n}+\cdots+a_1(x)\frac{dy}{dx}+a_0(x)y=f(x),\ a_n(x)\neq 0$$

예제 6 선형방정식과 비선형방정식

(1) $\frac{d^2u}{dx^2}+u=e^x$, 선형방정식

(2) $\frac{d^2x}{dt^2}+\sin x=0$, 비선형방정식

(3) $(y-1)dx+x\cos y\,dy=0$, x에 관하여 선형, y에 관하여 비선형방정식

(4) $\frac{dP}{dt}=rP-aP^2$, $r,\ a>0$, 비선형방정식 ■

문제 9 다음 방정식이 선형인지 비선형인지 알아보라.

(1) $xy^3dx+(y-2)e^{-2x}dy=0$

(2) $\frac{d^3y}{dx^3}+y^2=x$

(3) $y''+5y'+6y=4\cos x$

예제 6의 (4)와 같은 방정식을 **로지스틱(Logistic) 방정식**이라 하며 개체 증가에 적용된다.

정의 1.4 함수 $y=f(x)$가 구간 $(a,\ b)$에서 $f^{(n)}(x)$가 존재하고 $F(x,\ f,\ f',\ \cdots f^{(n)})=0$을 만족하면 $y=f(x)$를 미분방정식 $F(x,\ y,\ y',\ \cdots,\ y^{(n)})=0$의 **해**(solution)라고 한다. 해가 $y=f(x)$와 같은 형태로 나타내면 **양적인 해**(explicit solution), $g(x,\ y)=0$과 같은 형태이면 **음적인 해**(implicit solution)라고 한다. 임의의 상수가 포함되어 있는 해의 집합을 해의 모임 또는 **일반해**(general solution)라 하고 해의 모임에 속하지 않는 해를 **특이해**(singular solution)라 한다.

예제 7 양적인 해와 음적인 해

(1) $y=e^{3x}$는 $\dfrac{dy}{dx}=3y$의 양적인 해

(2) $u=k\cos 4x$(k는 상수)는 $\dfrac{d^2u}{dx^2}+16u=0$의 양적인 일반해

(3) $2x^2+y^2-2xy+5x=0$은 $\dfrac{dy}{dx}=\dfrac{2y-4x-5}{2y-2x}$의 음적인 해

(4) $x^2+y^2=c$(c는 상수)는 $\dfrac{dy}{dx}=-\dfrac{x}{y}$의 음적인 일반해 ■

예제 8 일반해와 특이해

(1) $\dfrac{dy}{dx}=-2xy^2$의 일반해는 $y=\dfrac{1}{x^2+k}$(k는 상수)

(2) $y=0$은 $\dfrac{dy}{dx}=-2xy^2$의 해가 되나 일반해 $y=\dfrac{1}{x^2+k}$에 어떠한 상수 k를 대입하여도 만들어지지 않으므로 특이해 ■

제1장 연습문제

1. s_0의 높이에서 v_0의 속도로 물체를 던질 때 물체의 거리를 나타내는 수학적 모델을 구하고 그 해를 구하라.

2. 1960m 높이에서 쇠구슬을 자유낙하시켰을 때 쇠구슬이 땅에 닿는 시간을 구하라.

3. 박테리아를 배양하려고 한다. 박테리아의 시간당 비례상수가 2라면 3시간 후에는 몇 배로 늘어나는가?

4. $x = A\cos\omega t + B\sin\omega t$를 합성하여 사인함수로 나타내라.

5. 추를 아래로 s_0만큼 당긴 후 v_0의 속도로 놓을 때 추의 진동을 나타내는 수학적 모델을 구하고 추의 진동을 나타내는 함수를 구하라.

6. 추의 무게는 추가 진동하는 진폭에 어떠한 영향을 주는가?

7. 추의 무게는 추가 진동하는 진동수에 어떠한 영향을 주는가?

8. 예제 7과 8의 해가 주어진 방정식을 만족하는지 보여라.

제2장 방향장과 해의 존재

2.1 미분과 방향장

함수 $f(x)$의 $x = x_0$에서 미분값 $f'(x_0)$는 $x = x_0$에서 함수 $y = f(x)$의 순간변화율 또는 접선의 기울기라고 한다. 이것은 $x = x_0$에서 함수 $y = f(x)$의 변화율을 나타낸다. 즉 $y' = f(x)$를 만족하는 해 y는 임의의 점 x에서 기울기가 $f(x)$인 함수이다. 예를 들어 방정식 $y' = 2x$의 해는 $x = x_0$에서 기울기가 $2x_0$인 함수이다. 그러한 함수에는 $y = x^2$이 있다.

생각해 보기

$y' = f(x,\ y)$의 해 y는 임의의 점 $(x,\ y)$에서 기울기가 $f(x,\ y)$인 함수이다.

f가 이변수함수인 경우를 살펴보자. 미분방정식 $y' = f(x,\ y)$에서 y는 x의 함수이다. 이 미분방정식의 의미는 이 방정식을 만족하는 해 y는 점 $(x,\ y)$에서 그 기울기가 $f(x,\ y)$라는 뜻이다. 즉 임의의 점 $(x,\ y)$에서 그 기울기가 $f(x,\ y)$인 함수만이 $y' = f(x,\ y)$의 해가 될 수 있음을 뜻한다. 예를 들어 $f(x,\ y) = xy$이면 $y' = f(x,\ y)$를 만족하는 해 y는 $y' = xy$를 만족하며, 또한 $(1,\ 2)$에서는 그 기울기가 2인 함수가 된다. 주어진 점 $(x,\ y)$에서 기울기를 알면 그 점에서 그 기울기를 갖는 작은 벡터를 그릴 수 있다. 기울기는 이 벡터의 방향이 된다. 기울기가 m인 벡터는 밑변이 1이고 높이가 m인 직각삼각형의 빗변과 같은 방향으로 아주 작게 표시할 수 있다. 이렇게 표현한 벡터를 **기울기벡터**라 한다.

$y' = f(x,\ y)$의 해를 구하기에 앞서 이 방정식으로부터 해의 모습을 알아볼 수 있다. 그러기 위하여 우선 $y = f(x)$에서 $\dfrac{dy}{dx}$ 또는 y'의 의미를 다시 살펴보고, $y' = f(x,\ y)$의 기하학적인 의미를 살펴보자. $y = f(x)$에서 도함수 $\dfrac{dy}{dx}$, $f'(x)$ 또는 y'은 다음과 같이 정의하였다.

$$\frac{dy}{dx} = \lim_{h \to o} \frac{f(x+h) - f(x)}{h}$$

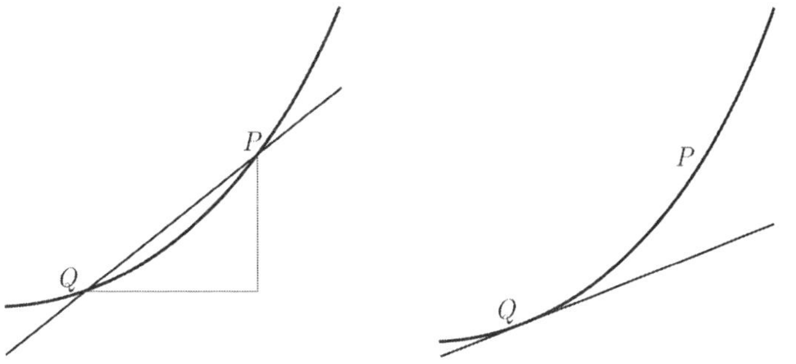

[그림 2.1] 기울기와 순간기울기

여기서 $\dfrac{f(x+h)-f(x)}{h}$는 두 점 $P(x+h,\ f(x+h))$, $Q(x,\ f(x))$를 잇는 직선의 기울기이다. 따라서 $\dfrac{dy}{dx}$는 h가 충분히 작아져서 점 P가 Q로 가까이 갈 때의 기울기로 x에서 순간기울기 또는 접선의 기울기라고 한다. 이 값을 y' 또는 $f'(x)$로 나타낸다.

예를 들면 $f(x)=x^2$에서 $f'(1)$은 $f(x)=x^2$의 $x=1$에서 접선의 기울기로 그 값은 정의에 의하여 다음과 같이 구할 수 있다.

$$f'(1)=\lim_{h\to 0}\frac{f(1+h)-f(1)}{h}=\lim_{h\to 0}\frac{(1+h)^2-1^2}{h}=\lim_{h\to 0}\frac{2h+h^2}{h}=2$$

이와 같이 $y=f'(x)$를 만족하는 함수 y는 x에서 그 기울기가 $f'(x)$인 것처럼 $y'=f(x,\ y)$를 만족하는 y는 점 $(x,\ y)$에서 기울기가 $f(x,\ y)$인 함수가 된다. 예를 들어 각 점 $(x,\ y)$에서 기울기가 1인 그래프는 $y'(x)=1$, 기울기가 x인 그래프는 $y'(x)=x$, 기울기가 y인 그래프는 $y'(x)=y$, 기울기가 $-2xy$인 그래프는 $y'(x)=-2xy$로 나타낼 수 있다.

> **정의 2.1** 미분방정식 $y'=f(x,\ y)$에서 $f(x,\ y)$는 점 $(x,\ y)$에서 해의 기울기가 된다. 영역의 각 점에서 해의 기울기벡터를 조그만 선분으로 표시한 모임을 $y'=f(x,\ y)$의 방향장(direction field)이라고 한다.

예제 1　방향장과 해의 그래프

(1) $y'(x) = 1$의 방향장과 $y = x + c$의 그래프

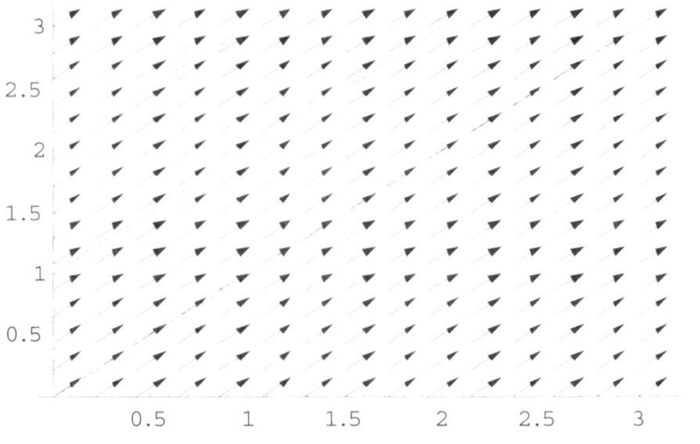

[그림 2.2]

(2) $y'(x) = x$의 방향장과 $y = \frac{1}{2}x^2 + c$의 그래프

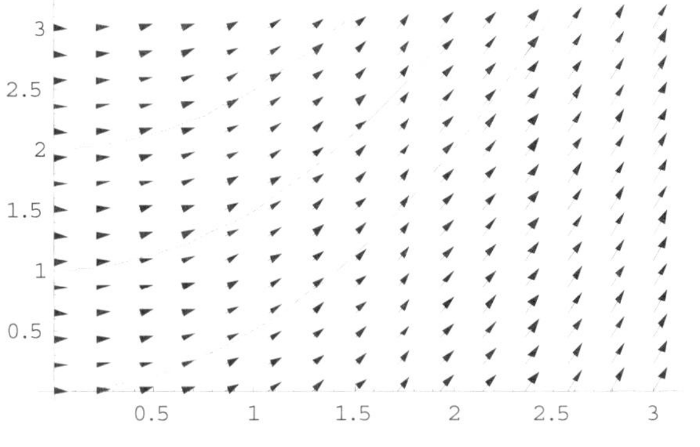

[그림 2.3]

(3) $y'(x) = y$의 방향장과 $y = ce^x$의 그래프

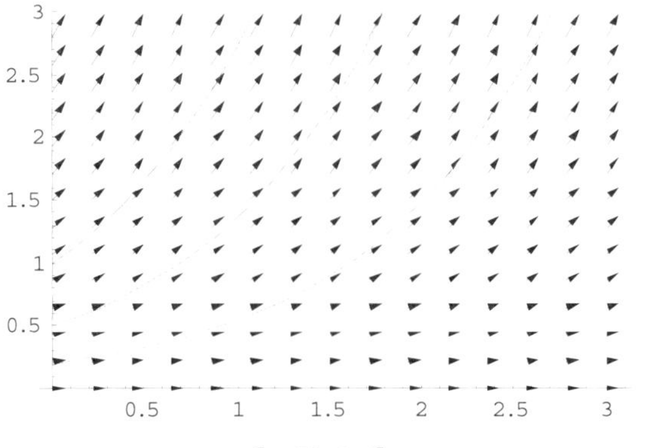

[그림 2.4]

(4) $y'(x) = -2xy$의 방향장과 $y = ce^{-x^2}$의 그래프

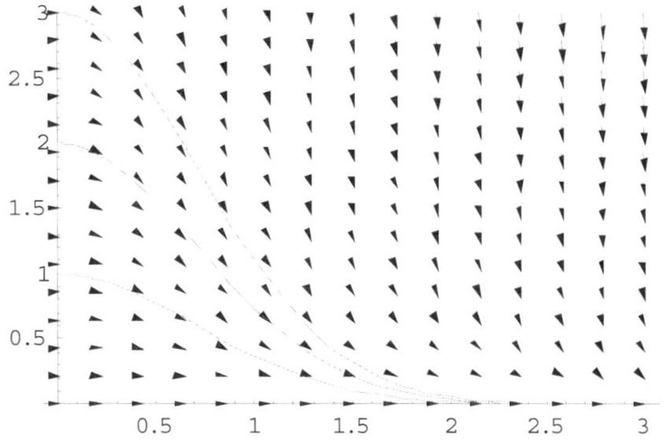

[그림 2.5]

■

문제 1 $y'(x) = \dfrac{1}{x}$의 방향장과 $y = \ln x + c$의 그래프를 함께 그려라.

미분방정식 $y' = f(x, y)$의 해 y의 그래프는 좌표 (x, y)에서 접선의 기울기가 $f(x, y)$로 되어 있다. 예제 1에서 보듯이 각 점에서 이 기울기를 갖는 작은 벡터를 연결하면 해의 모양을 알 수 있다. $f(x, y) = c$의 그래프는 기울기가 모두 같은 점의 모양이다.

> **정의 2.2** 미분방정식 $y' = f(x, y)$에서 동일한 기울기를 갖는 곡선의 모임 $f(x, y) = c$를 **등경사선(isocline)**이라고 한다.

> **정의 2.3** 미분방정식 $y' = f(x, y)$를 만족하는 x에 관한 함수 y를 이 방정식의 일반해(general solution)라고 한다.

방향장의 흐름은 방정식의 일반해의 모양을 나타내주고, 등경사선은 방향이 같은, 즉 기울기가 같은 벡터의 모임이다. 따라서 방향장은 주어진 점 (x, y)에서 기울기 $f(x, y)$를 갖는 작은 벡터를 그리거나 또는 등경사선을 그린 후 그 선을 따라 똑같은 기울기를 갖는 작은 선분을 그리면 된다.

예제 2 $\dfrac{dy}{dx} = -\dfrac{x}{4y}$의 등경사선 $-\dfrac{x}{4y} = c$ 또는 $y = cx$와 일반해 $x^2 + 2y^2 = k$,

$k \geq 0$를 비교하면 등경사선 위의 기울기는 모두 같고, 일반해의 모양은 벡터의 흐름과 같다.

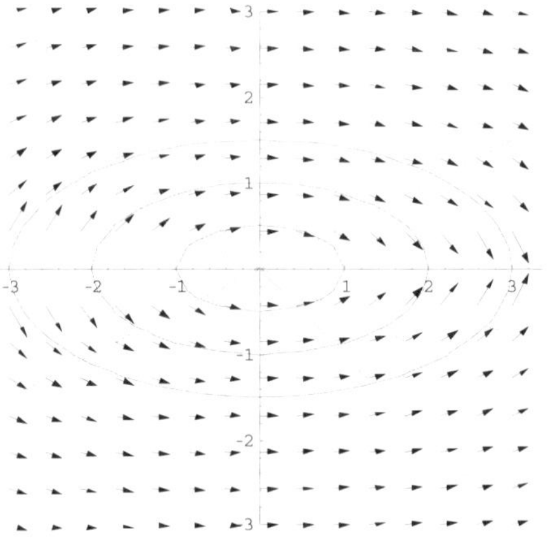

■

[그림 2.6]

문제 2 문제 1의 그래프 위에 $y'(x) = \dfrac{1}{x}$의 등경사선의 그래프를 그려라.

2.2 해의 존재성과 유일성

미분방정식 $y'=f(x, y)$의 해를 구하기 위해서 우선 해가 존재하는지, 존재하면 몇 개나 있고, 단 하나가 존재하기 위해서는 어떤 조건이 필요한지 알아보자. 예를 들어 $y'=-x$의 양변을 적분하면 $y=-\frac{1}{2}x^2+c$가 되고 이것은 $y'=-x$의 해가 된다. c는 임의의 상수 모두 성립하므로 미분방정식 $y'=-x$의 해는 무수히 많다. 그러나 초기조건 $y(0)=0$을 추가하면 $c=0$이 되어야 하므로 해는 $y=-\frac{1}{2}x^2$ 단 하나만 존재한다. 여기서 초기조건이 주어진 미분방정식을 **초기치 미분방정식** 또는 **초기치문제**(initial value problem)라 한다.

생각해 보기

미분방정식 $\frac{dy}{dx}=f(x, y)$, $y(x_0)=y_0$가 단 하나의 해를 가질 조건은 무엇일까?

미분방정식 $y'=-x$, $y(0)=0$의 해는 $y=-\frac{1}{2}x^2$ 단 하나인 것처럼 $\frac{dy}{dx}=-y$, $y(0)=1$의 해도 $y=e^{-x}$ 단 하나이다. 그러나 $\frac{dy}{dx}=x\sqrt{y}$, $y(0)=0$의 해는 $y=0$도 되고 $y=\frac{x^4}{16}$도 된다.

정의 2.4 $y=\rho(x)$가 $\rho(x_0)=y_0$이고 $\frac{d\phi}{dx}=f(x, \rho)$를 만족하면 $y=\rho(x)$를 초기치 미분방정식 $\frac{dy}{dx}=f(x, y)$, $y(x_0)=y_0$의 해(solution)라고 한다.

정의 2.5 $f(x, y)$와 y에 관한 편도함수 $\frac{\partial f}{\partial y}$가 (x_0, y_0)를 포함하는 적당한 영역

위에서 연속이면 x_0를 포함하는 적당한 구간이 존재하여 그 위에서 초기치 미분방정식 $\frac{dy}{dx}=f(x,\ y),\ y(x_0)=y_0$는 단 하나의 해를 갖는다.

정리 2.5에 의하여 초기치 미분방정식이 정리 2.5의 조건을 만족한다면 해는 반드시 하나뿐이다. 그러나 이 정리의 조건이 충족되지 않는다면 해는 더 많이 있을 수도 있다. 예를 들어 $\frac{dy}{dx}=x\sqrt{y},\ y(0)=0$에서 $\frac{\partial f}{\partial y}=\frac{x}{2\sqrt{y}}$이고, 이 함수는 $(0,\ 0)$을 포함하는 어느 영역에서도 연속이 아니다. 그러므로 정리 2.5를 적용할 수 없고 해가 둘이 될 수도 있다. 그러나 초기조건이 $y(2)=1$이 되면 $\frac{\partial f}{\partial y}=\frac{x}{2\sqrt{y}}$는 $(2,\ 1)$을 포함하는 적당한 영역에서 연속이므로 해는 $y=\frac{x^4}{16}$ 단 하나 존재한다. $\frac{dy}{dx}=-y,\ y(0)=1$인 경우 $\frac{\partial f}{\partial y}=-1$은 $(0,\ 1)$에서 연속이므로 정리에 의하여 역시 해는 $y=e^{-x}$ 단 하나밖에 없다.

예제 4 다음 함수의 편도함수를 구하라.

(1) $f(x,\ y)=xy^2$　　(2) $f(x,\ y)=\sin(xy^2)$

(3) $f(x,\ y)=\sqrt{y}$　　(4) $f(x,\ y)=|y|$

풀이

(1) $\frac{\partial f}{\partial x}=y^2,\ \frac{\partial f}{\partial y}=2xy$

(2) $\frac{\partial f}{\partial x}=\cos(xy^2)y^2,\ \frac{\partial f}{\partial y}=2xy\cos(xy^2)$

(3) $\frac{\partial f}{\partial x}=0,\ \frac{\partial f}{\partial y}=\frac{1}{2\sqrt{y}}$

(4) $\frac{\partial f}{\partial x}=0,\ \frac{\partial f}{\partial y}=\begin{cases}1, & y>0\\ -1, & y<0\end{cases}$ ■

문제 3 $\frac{dy}{dx}=\sqrt{y}$이다. 그러면 $\frac{\partial f}{\partial y}=\frac{1}{2\sqrt{y}}$이다.

(1) 위 방정식에 초기치 $y(2)=1$을 추가하면 해는 유일한가?

(2) 위 방정식에 초기치 $y(2)=0$을 추가하면 해는 유일한가?

제2장 연습문제

1. 다음 미분방정식의 방향장의 그래프를 그려라.
   (1) $y' = 1 - 2xy$
   (2) $y' = x - y$
   (3) $y' = x^2 + y^2$
   (4) $y' = 2x + y$

2. 미분방정식 $y' = x^2 + y^2$, $y(0) = 1$의 해는 유일한가?

3. 다음 미분방정식이 유일한 해를 가질 (x_0, y_0)의 영역을 구하라.
   (1) $y' = y^{2/3}$
   (2) $xy' = y$
   (3) $(x^2 + y^2)y' = y^2$

4. $y' = 3y^{2/3}$, $y(0) = 0$의 두 해를 구하라.

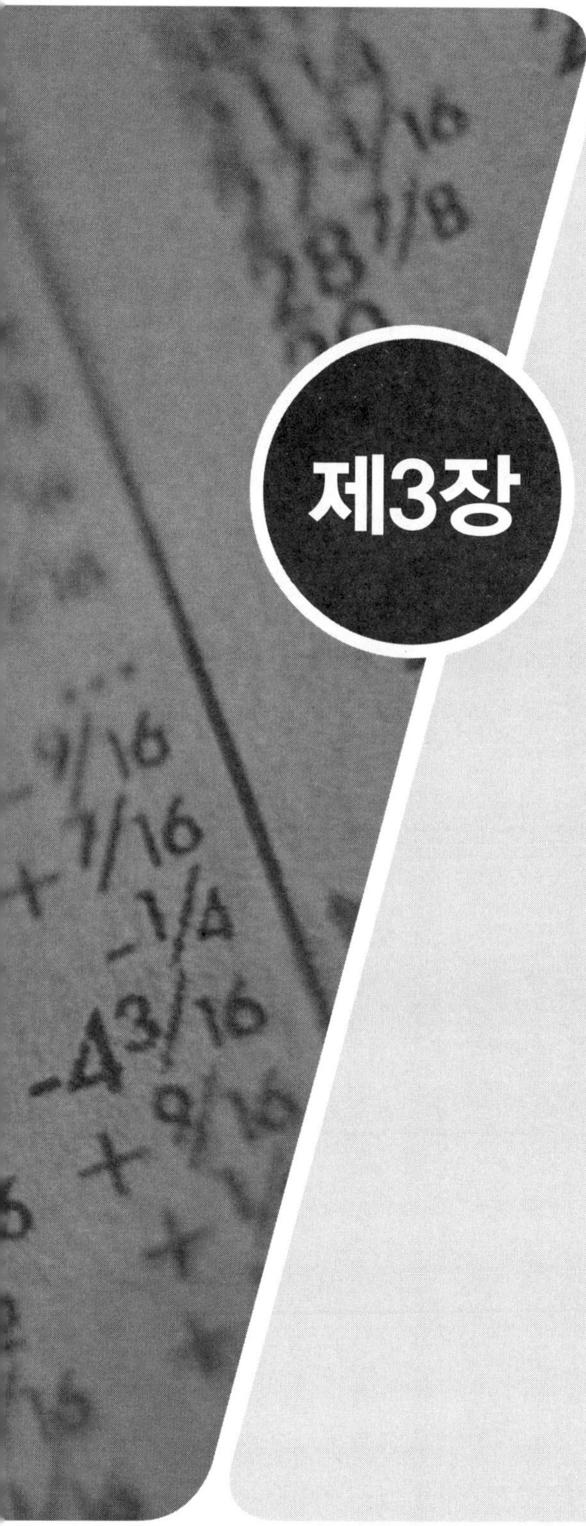

제3장 일차 미분방정식

차수가 1차인 미분방정식 $y' = f(x, y)$의 해를 구하는 방법에 관하여 알아보자. 이러한 형태 중 가장 간단한 식은 $\frac{dy}{dx} = f(x)$이다.

생각해 보기

$\frac{dy}{dx} = f(x)$를 만족하는 해 y는 어떻게 구할까?

$\frac{dy}{dx} = f(x)$는 미분한 것이 $f(x)$이므로 해는 함수 $f(x)$를 적분함으로써 구할 수 있다. 즉 $y = \int f(x)dx + c$가 된다. 여기서 c는 임의의 상수이다. 그러므로 미분방정식 $\frac{dy}{dx} = f(x)$의 해는 무수히 많다. 그러나 초기조건 $y(x_0) = y_0$가 주어지면 상수 c가 단 하나 결정되어 해는 유일하게 존재한다.

예제 1 다음 방정식의 해를 구하라.

(1) $\frac{dy}{dx} = 2x$ (2) $\frac{dy}{dx} = 2x,\ y(0) = 1$

풀이 (1) $y = \int 2x dx + c = x^2 + c$이므로 해는 $y = x^2 + c$이다.

(2) $y(0) = 1$이므로 해는 $y = x^2 + 1$이다. ■

문제 1 다음 미분방정식의 해를 구하라.

(1) $y' = 3x^2 + 2x + 1$ (2) $y' = 4e^{2x}$

(3) $y' = \cos x,\ y(0) = 1$ (4) $y' = \frac{1}{x},\ y(1) = 0$

3.1 변수분리방정식

$\frac{dy}{dx} = f(x)$보다 조금 더 복잡한 형태인 $\frac{dy}{dx} = \frac{f(x)}{g(y)}$와 같은 미분방정식의 해에 대하여 알아보자.

생각해 보기

$\frac{dy}{dx} = \frac{f(x)}{g(y)}$를 만족하는 해 y는 어떻게 구할까?

방정식 $\frac{dy}{dx} = \frac{f(x)}{g(y)}$는 $g(y)dy = f(x)dx$와 같은 형태가 된다. 이 방정식은 등호를 중심으로 서로 다른 변수로 나누어진다.

정의 3.1 $\frac{dy}{dx} = \frac{f(x)}{g(y)}$ 또는 $g(y)dy = f(x)dx$와 같은 형태의 방정식을 변수분리방정식(Separable Differential Equation)이라 한다.

변수분리방정식은 등호를 중심으로 서로 다른 변수로 나누어지므로 각 변수로 양변을 적분할 수 있다. 즉 $g(y)dy = f(x)dx$이면 $\int g(y)dy = \int f(x)dx + c$가 된다. 적분상수는 한쪽에만 붙이면 된다. 따라서 변수분리방정식 $\frac{dy}{dx} = \frac{f(x)}{g(y)}$의 해는 다음과 같다.

$$\int g(y)dy = \int f(x)dx + c$$

예제 2 다음 방정식의 일반해를 구하라.

(1) $\frac{dy}{dx} = 2y$ (2) $\frac{dy}{dx} = -\frac{x}{y}$

풀이 (1) $\frac{dy}{dx}=2y$는 $\frac{dy}{y}=2dx$이다. 양변을 적분하면 $\int\frac{dy}{y}=\int 2dx$이고 $\ln|y|=2x+c$이다. 따라서 $|y|=de^{2x}$이므로 $y=ke^{2x}$이다(여기서 k는 임의의 상수).

(2) $\frac{dy}{dx}=-\frac{x}{y}$는 $xdx=-ydy$이다. $\int xdx=\int -ydy$를 풀면 $\frac{x^2}{2}=-\frac{y^2}{2}+c$이다. 따라서 $x^2+y^2=k$이다(k는 임의의 상수). ■

예제 3 다음 방정식의 해를 구하라.

(1) $\frac{dy}{dx}=e^{2x+y}$ · $y(0)=0$

(2) $y\cos xdx-(1+y^2)dy=0$, $y(0)=-1$

풀이 (1) $e^{-y}dy=e^{2x}dx$ 양변을 적분하면

$$-e^{-y}=\frac{1}{2}e^{2x}+c \text{ 또는 } y=-\ln\left(-\frac{e^{2x}}{2}-c\right).$$

$y(0)=-\ln\left(-\frac{1}{2}-c\right)=0$이므로 $c=-\frac{3}{2}$. 따라서 $y=-\ln\left(-\frac{e^{2x}}{2}+\frac{3}{2}\right)$.

(2) $y\cos xdx-(1+y^2)dy=0$, $y(0)=-1$

$\Rightarrow$ $\cos xdx=\frac{1+y^2}{y}dy$ $\Rightarrow$ $\int\cos xdx=\int\frac{1+y^2}{y}dy$

$\Rightarrow$ $\sin x+c=\ln|y|+\frac{1}{2}y^2$. $y(0)=-1$이므로 $c=\frac{1}{2}$. 따라서 해는

$\Rightarrow$ $\sin x+\frac{1}{2}=\ln|y|+\frac{1}{2}y^2$. ■

문제 2 다음 방정식의 해를 구하라.

(1) $\frac{dy}{dx}=\frac{\cos x}{\sin y}$

(2) $(x-1)dy=(y+3)dx$

(3) $y'=-\frac{x}{y}$, $y(1)=2$

(4) $y'=-2xy$, $y(0)=1$

3.2 동차방정식

변수분리방정식을 포함하며 좀더 복잡한 $M(x,\ y)dx+N(x,\ y)dy=0$과 같은 방정식의 해에 대하여 알아보자.

생각해 보기

$M(x,\ y)dx+N(x,\ y)dy=0$을 만족하는 해 y는 어떻게 구할까?

정의 3.2 $M(x,\ y)dx+N(x,\ y)dy=0$과 같은 형태의 방정식이

$$M(tx,\ ty)=t^nM(x,\ y),\ N(tx,\ ty)=t^nN(x,\ y)$$

를 만족하면 이 식을 n차 **동차방정식**(homogeneous DE of degree n)이라 한다.

예제 4 $(x^2+yx)dx-y^2dy=0$은 동차임을 보이자.

풀이 $M(x,\ y)=x^2+yx,\ N(x,\ y)=-y^2$이므로

$$M(tx,\ ty)=t^2(x^2+yx)=t^2M(x,\ y),\ N(x,\ y)=-t^2y^2=t^2N(x,\ y).$$

따라서 2차 동차방정식이다. ■

문제 3 다음 동차방정식의 차수를 구하라.

(1) $(xy+y^2+x^2)dx-x^2dy=0$

(2) $(2y-6x)dx+(3x-4x^2y^{-1})dy=0$

(3) $xy^2dy+(x^3-y^3)dx=0$

(4) $\dfrac{dy}{dx}=\dfrac{x+2y}{2x+y}$

동차방정식에서 $y=ux$(또는 $x=vy$)로 치환하면 $dy=udx+xdu$가 된다. 이것을 대입하면

$$M(x,\ y)dx + N(x,\ y)dy = M(x,\ ux)dx + N(x,\ ux)(udx + xdu)$$
$$= x^n(M(1,\ u)dx + N(1,\ u)(udx + xdu)) = 0$$

을 얻는다. 따라서

$$M(1,\ u)dx + N(1,\ u)(udx + xdu) = 0$$
$$\text{또는}\ \ (M(1,\ u) + uN(1,\ u))dx + xN(1,\ u)du = 0$$

즉

$$\frac{1}{x}dx + \frac{N(1,\ u)}{M(1,\ u) + uN(1,\ u)}du = 0$$

이 된다. 다시 말하면 동차방정식은 치환에 의하여 변수분리방정식으로 바꿀 수 있다. 이 변수분리방정식의 해를 구한 다음 치환했던 것을 대입해주면 동차방정식의 해를 구할 수 있다. 만일 $N(x,\ y)$가 $M(x,\ y)$보다 단순하게 보이면 $y = ux$로, 아니면 $x = vy$로 치환한다.

예제 5 $(x^2 - y^2)dx + xydy = 0,\ y(1) = 2$의 해를 구하라.

풀이 $M(x,\ y) = x^2 - y^2,\ N(x,\ y) = xy$라 하면

$$M(tx,\ ty) = t^2(x^2 - y^2),\ \ N(tx,\ ty) = t^2xy$$

이므로 2차 동차방정식. $y = ux$로 치환하면

$$M(1,\ u) = 1 - u^2,\ \ N(1,\ u) = u.\ \ \text{따라서}\ \ \frac{1}{x}dx + \frac{u}{1 - u^2 + u^2}du = 0.$$

양변을 적분한 후 $u = \dfrac{y}{x}$를 대입하면

$$\ln|x| = -\frac{1}{2}\left(\frac{y}{x}\right)^2 + c.$$

$y(1) = 2$이므로 $c = 2$. 따라서 $\ln|x| = -\dfrac{1}{2}\left(\dfrac{y}{x}\right)^2 + 2.$ ■

문제 4 다음 동차방정식의 해를 구하라.

(1) $(x - y)dx + xdy = 0$

(2) $(y^2 + yx)dx = x^2dy$

(3) $2x^2ydx - (3x^3 + y^3)dy = 0,\ y(1) = 1$

(4) $\dfrac{dy}{dx} = \dfrac{y}{x} + \dfrac{x}{y},\ y(1) = 1$

3.3 완전방정식

미분방정식 $M(x,\ y)dx + N(x,\ y)dy = 0$에서 $M = \frac{\partial f}{\partial x}$, $N = \frac{\partial f}{\partial y}$인 경우 해를 구해보기로 하자. $f(x,\ y)$의 미분은 $df(x,\ y) = \frac{\partial f}{\partial x}dx + \frac{\partial f}{\partial y}dy$이다. 따라서 $f(x,\ y) = c$의 양변을 미분하면 상수의 미분은 0이므로 $\frac{\partial f}{\partial x}dx + \frac{\partial f}{\partial y}dy = 0$이다. 따라서 $\frac{\partial f}{\partial x}dx + \frac{\partial f}{\partial y}dy = 0$의 해는 $\frac{\partial f}{\partial x}dx + \frac{\partial f}{\partial y}dy = 0$을 만족하는 이변수함수 $f(x,\ y)$를 구하는 것에 달려있다. 이 절에서는 그러한 함수 $f(x,\ y)$를 구하는 방법에 대하여 살펴보자.

생각해 보기

방정식 $M(x,\ y)dx + N(x,\ y)dy = 0$에서 $M = \frac{\partial f}{\partial x}$, $N = \frac{\partial f}{\partial y}$를 만족하는 함수 $f(x,\ y)$와 방정식의 해 y는 어떻게 구할까?

정의 3.3 $M(x,\ y)dx + N(x,\ y)dy = 0$과 같은 형태의 방정식이 $M = \frac{\partial f}{\partial x}$, $N = \frac{\partial f}{\partial y}$가 되는 적당한 함수 $f(x,\ y)$가 있으면 이 식을 **완전방정식(Exact DE)**이라 한다.

$M(x,\ y)dx + N(x,\ y)dy = 0$이 완전방정식이면

$$0 = M(x,\ y)dx + N(x,\ y)dy = \frac{\partial f}{\partial x}dx + \frac{\partial f}{\partial y}dy = df(x,\ y)$$

이므로 $f(x,\ y) = c$가 해이다. 따라서 $M(x,\ y)dx + N(x,\ y)dy = 0$의 해를 구하기 위해서는 $M = \frac{\partial f}{\partial x}$, $N = \frac{\partial f}{\partial y}$가 되는 함수 $f(x,\ y)$를 구하면 된다. 이 함수를 구하기에 앞서 완전방정식이 되는 조건을 알아보자.

$M(x,\ y)$와 $N(x,\ y)$의 1계 편도함수가 연속이라고 하자. 만일 $M(x,\ y)dx +$

$N(x, y)dy=0$이 완전방정식이면 $M=\dfrac{\partial f}{\partial x}$, $N=\dfrac{\partial f}{\partial y}$를 만족하는 함수 $f(x, y)$가 존재하므로, $\dfrac{\partial^2 f}{\partial y \partial x}=\dfrac{\partial^2 f}{\partial x \partial y}$가 성립한다. 따라서

$$\frac{\partial M}{\partial y}=\frac{\partial^2 f}{\partial y \partial x}=\frac{\partial^2 f}{\partial x \partial y}=\frac{\partial N}{\partial x}$$

이 된다.

역으로 $\dfrac{\partial M}{\partial y}=\dfrac{\partial N}{\partial x}$이면 $M=\dfrac{\partial f}{\partial x}$, $N=\dfrac{\partial f}{\partial y}$가 되는 적당한 함수 $f(x, y)$가 있음을 보이자. $M=\dfrac{\partial f}{\partial x}$를 만족해야 하므로 적당한 함수 $g(y)$에 대하여

$$f(x, y)=\int M(x, y)dx+g(y) \qquad \cdots (1)$$

이다. $N=\dfrac{\partial f}{\partial y}$ 역시 만족해야 하므로 함수 $f(x, y)$는

$$\frac{\partial f}{\partial y}=\frac{\partial}{\partial y}\int M(x, y)dx+g'(y)=N$$

을 만족해야 한다. 따라서

$$g'(y)=N(x, y)-\frac{\partial}{\partial y}\int M(x, y)dx \qquad \cdots (2)$$

가 되는 $g(y)$를 택하여야 한다. 가정에 의하여 $\dfrac{\partial M}{\partial y}=\dfrac{\partial N}{\partial x}$이므로 방정식 (2)의 오른쪽 항을 x에 관하여 미분하면

$$\begin{aligned}\frac{\partial}{\partial x}(N(x, y)-\frac{\partial}{\partial y}\int M(x, y)dx) &= \frac{\partial}{\partial x}N(x, y)-\frac{\partial}{\partial y}(\frac{\partial}{\partial x}\int M(x, y)dx)\\ &= \frac{\partial}{\partial x}N(x, y)-\frac{\partial}{\partial y}M(x, y)=0\end{aligned}$$

이 된다. 따라서 $g'(y)$는 x에 관하여 상수, 즉 y만의 함수이다. 그러므로 (1)을 x에 관하여 미분하면 $\dfrac{\partial f}{\partial x}=M$이 되고, y에 관하여 미분하면

$$\frac{\partial f}{\partial y}=\frac{\partial}{\partial y}\int M(x, y)dx+g'(y)$$

$$= \frac{\partial}{\partial y}\int M(x,\ y)dx + N(x,\ y) - \frac{\partial}{\partial y}\int M(x,\ y)dx$$
$$= N$$

이 되어 완전방정식이 된다. 따라서 다음과 같은 정리가 성립한다.

정리 3.4 $M(x,\ y)$와 $N(x,\ y)$의 1계 편도함수가 연속이면 $M(x,\ y)dx + N(x,\ y)dy = 0$이 완전방정식인 것과 $\frac{\partial M}{\partial y} = \frac{\partial N}{\partial x}$은 필요충분조건이다.

정리 3.4에 의하여 $\frac{\partial M}{\partial y} = \frac{\partial N}{\partial x}$만 보이면 $M(x,\ y)dx + N(x,\ y)dy = 0$은 완전방정식이 된다. 그러면 완전방정식의 해를 구하는 방법에 대하여 알아보자. 정리의 증명에 따르면 $M(x,\ y)dx + N(x,\ y)dy = 0$의 해를 구하기 위해서는 우선 $M = \frac{\partial f}{\partial x}$, $N = \frac{\partial f}{\partial y}$가 되는 함수 $f(x,\ y)$를 구한다. 그러면 해는 $f(x,\ y) = c$가 된다.

$f(x,\ y)$를 구하는 방법

(1) $f(x,\ y) = \int M(x,\ y)dx + g(y)$[또는 $f(x,\ y) = \int N(x,\ y)dy + g(x)$]로 놓는다.

(2) $\frac{\partial f}{\partial y} = \frac{\partial}{\partial y}\int M(x,\ y)dx + g'(y) = N$에서 $g'(y)$를 구한다.

[또는 $\frac{\partial f}{\partial x} = \frac{\partial}{\partial x}\int N(x,y)dy + g'(x) = M$에서 $g'(x)$를 구한다.]

(3) 적분하여 $g(y)$[또는 $g(x)$]를 구한다.

(4) $g(y)$[또는 $g(x)$]를 (1)에 대입하여 $f(x,\ y)$를 구하면 $f(x,\ y) = c$가 일반해이다.

(5) 초기조건이 있으면 c를 구한다.

예제 6 $2x\sin y dx + (x^2\cos y - 1)dy = 0,\ y(0) = 1/2$의 해를 구하라.

풀이 $\frac{\partial}{\partial y}(2x\sin y) = 2x\cos y = \frac{\partial}{\partial x}(x^2\cos y - 1)$이므로 완전방정식이다.

(1) $f(x,\ y) = \int 2x\sin y dx = x^2\sin y + g(y)$

(2) $f_y = x^2\cos y + g'(y) = x^2\cos y - 1$에서 $g'(y) = -1$

(3) $g(y) = -y$이므로 $f(x,\ y) = x^2\sin y - y$이다.

(4) 따라서 $x^2\sin y - y = c$는 일반해이다.

(5) $y(0)=1/2$이므로 $-1/2=c$이다. 따라서 초기조건을 만족하는 해는

$x^2\sin y - y + 1/2 = 0$. ■

문제 5 다음 방정식이 완전방정식임을 보이고 해를 구하라.

(1) $(\sin y + y\cos x)dx + (\sin x + x\cos y)dy = 0$

(2) $(2x + y^3)dx + (3xy^2 + 4)dy = 0$

(3) $(\cos x\sin x - xy^2)dx + y(1 - x^2)dy = 0$, $y(0) = 2$

(4) $2xydx + (x^2 + y^2)dy = 0$, $y(0) = 3$

3.4 선형방정식

선형방정식 중 가장 간단한 일차 선형방정식의 해를 구하는 방법에 대하여 살펴보자.

생각해 보기

$\dfrac{dy}{dx}+p(x)y=q(x)$와 같은 형태의 방정식의 해 y는 어떻게 구할까?

일차 선형방정식은 x, y, y'으로 이루어진 $\dfrac{dy}{dx}+p(x)y=q(x)$와 같은 형태가 된다. 이 방정식은 $dy+(p(x)y-q(x))dx=0$으로 표현되고 적당한 함수 $\mu(x)$를 양변에 곱하여 $\mu(x)dy+\mu(x)(p(x)y-q(x))dx=0$이 완전방정식이 되면 이 완전방정식의 해가 선형방정식의 해가 된다. 여기서 $\mu(x)$를 **적분요소**(integrating factor)라고 한다.

$\mu(x)dy+\mu(x)(p(x)y-q(x))dx=0$이 완전방정식이므로

$$\mu'(x)=\frac{\partial}{\partial y}\mu(x)(p(x)y-q(x))=\mu(x)p(x)$$

가 된다. 따라서 $\dfrac{d\mu(x)}{\mu(x)}=p(x)dx$이고, 이것은 변수분리방정식이므로 양변을 적분하면

$$\ln\mu(x)=\int p(x)dx$$

가 되어 적분요소는 $\mu(x)=e^{\int p(x)dx}$로 주어진 일차 선형방정식으로부터 구할 수 있다.

따라서 이 적분요소 $\mu(x)$를 방정식 $\dfrac{dy}{dx}+p(x)y=q(x)$의 양변에 곱하면 왼쪽 항은 $e^{\int p(x)dx}\dfrac{dy}{dx}+e^{\int p(x)dx}p(x)y=(e^{\int p(x)dx}y)'$이므로

$$(e^{\int p(x)dx}y)'=e^{\int p(x)dx}q(x)$$

가 되어 분리방정식이 된다. 그러므로 해는

$$e^{\int p(x)dx}y = \int e^{\int p(x)dx}q(x)dx + c \text{ 또는 } y = e^{-\int p(x)dx}\left(\int e^{\int p(x)dx}q(x)dx + c\right)$$

가 된다. 이 방법을 요약하면 $\dfrac{dy}{dx} + p(x)y = q(x)$ 에서

(1) $\mu(x) = e^{\int p(x)dx}$ 를 구한다.
(2) $(\mu(x)y)' = \mu(x)q(x)$ 의 해를 구한다.
(3) 초기조건이 있으면 c를 구한다.

예제 7 $\dfrac{dy}{dx} + 5x^4y = x^4$, $y(0) = 1$ 의 해를 구하라.

풀이 $\mu(x) = e^{\int 5x^4dx} = e^{x^5}$ 이므로 $e^{x^5}y = \int e^{x^5}x^4dx = \dfrac{1}{5}e^{x^5} + c$. 따라서

$$y = \frac{1}{5} + ce^{-x^5}$$

이다. $y(0) = 1$ 이므로 $c = \dfrac{4}{5}$. 따라서 해는 $y = \dfrac{1}{5}(1 + 4e^{-x^5})$. ■

예제 8 $\dfrac{dy}{dx} + y = f(x)$, $f(x) = \begin{cases} 1, & x < 0 \\ 0, & x \geq 0 \end{cases}$ 이고 $y(0) = 2$ 인 해를 구하라.

풀이 $\mu(x) = e^x$ 이므로 구간 $(-\infty, 0)$ 위에서 $e^xy = \int e^xdx = e^x + c$. 따라서

$$y = 1 + ce^{-x}$$

이다. $y(0) = 2$ 이므로 $c = 1$. 따라서 해는 $y = 1 + e^{-x}$. 한편 구간 $[0, \infty)$ 위에서 $y = ce^{-x}$ 이고 $y(0) = 2$ 이므로 $y = 2e^{-x}$ 이다. 그러므로 해는

$$y = \begin{cases} 1 + e^{-x}, & x < 0 \\ 2e^{-x}, & x \geq 0 \end{cases}$$

■

문제 6 다음 선형방정식의 해를 구하라.

(1) $x\dfrac{dy}{dx} + y = x\sin x$

(2) $\dfrac{dy}{dx} + \dfrac{1}{x}y = xe^{-x}$

(3) $\dfrac{1}{x}\dfrac{dy}{dx} - \dfrac{2}{x^2}y = x\cos x$, $y\left(\dfrac{\pi}{2}\right) = 0$

(4) $ydx - (x + 3y^2)dy = 0$, $x(1) = 2$

제3장 연습문제

1. 다음 변수분리방정식의 해를 구하라.

(1) $(x-1)dy=(x+3)dx$

(2) $\sec x dy = x \cot y dx$

(3) $(1+x)dy+ydx=0$

(4) $xy^3dx+(y-2)e^{-2x}dy=0,\ y(0)=1$

(5) $\dfrac{dy}{dx}=e^{3x+2y},\ y(0)=0$

(6) $\dfrac{dx}{dy}=\dfrac{x^2y^2}{1+x},\ y(1)=1$

2. 다음 동차방정식의 해를 구하라.

(1) $(x+y)dx+xdy=0$

(2) $ydx=2(x+y)dy$

(3) $ydx=(x+\sqrt{xy})dy$

(4) $(x^2+y^2)dx=(xy-x^2)dy,\ y(1)=0$

(5) $(x^2+2y^2)dx=xydy,\ y(-1)=1$

(6) $(x+ye^{y/x})dx=xe^{y/x}dy,\ y(1)=0$

3. 다음 완전방정식의 해를 구하라.

(1) $3x^2dx=dy$

(2) $\sin^2 y\,dx+x\sin 2y\,dy=0$

(3) $3x^2ydx+(x^3-1)dy=0$

(4) $(2ye^{2x}-y\cos(xy)+2x)dx+(e^{2x}-x\cos(xy))dy=0,\ y(0)=1$

(5) $2x\sin y dx+(x^2\cos y-1)dy=0,\ y(0)=-1$

(6) $(\cos x\sin x-xy^2)dx+y(1-x^2)dy=0,\ y(1)=1$

4. 다음 선형방정식의 해를 구하라.

(1) $x\dfrac{dy}{dx}-3y=x^4e^x$

(2) $(x^2+1)\dfrac{dy}{dx}+2xy=0$

(3) $ydx=(x+3y^2)dy$

(4) $\dfrac{dy}{dx}+2y=0,\ y(0)=1$

(5) $\dfrac{dy}{dx}-\dfrac{4x}{x^2+1}y=(1+x^2)^3e^x,\ y(0)=3$

(6) $\dfrac{dy}{dx} = \dfrac{1}{x+y^2}$, $y(-1)=0$

5. 물이 새는 물통의 물의 높이(m)를 측정하기 위한 수단으로 과학자들은 물의 높이 변화율의 방정식 $\dfrac{dh}{dt} = -\sqrt{h}$ 를 제안하였다. 여기서 t는 분을 나타낸다.

(1) $h(0)=1$일 때 물통의 물이 비워지는 데 걸리는 시간은?

(2) $h(0)=0$일 때 $t=-1$일 때(즉, 과거)의 물통의 물의 높이를 추론할 수 있는가?

(3) $h(0)=-1$일 때의 변화율 방정식의 해가 존재하는가? 존재하지 않는다면 그 이유를 설명하여라.

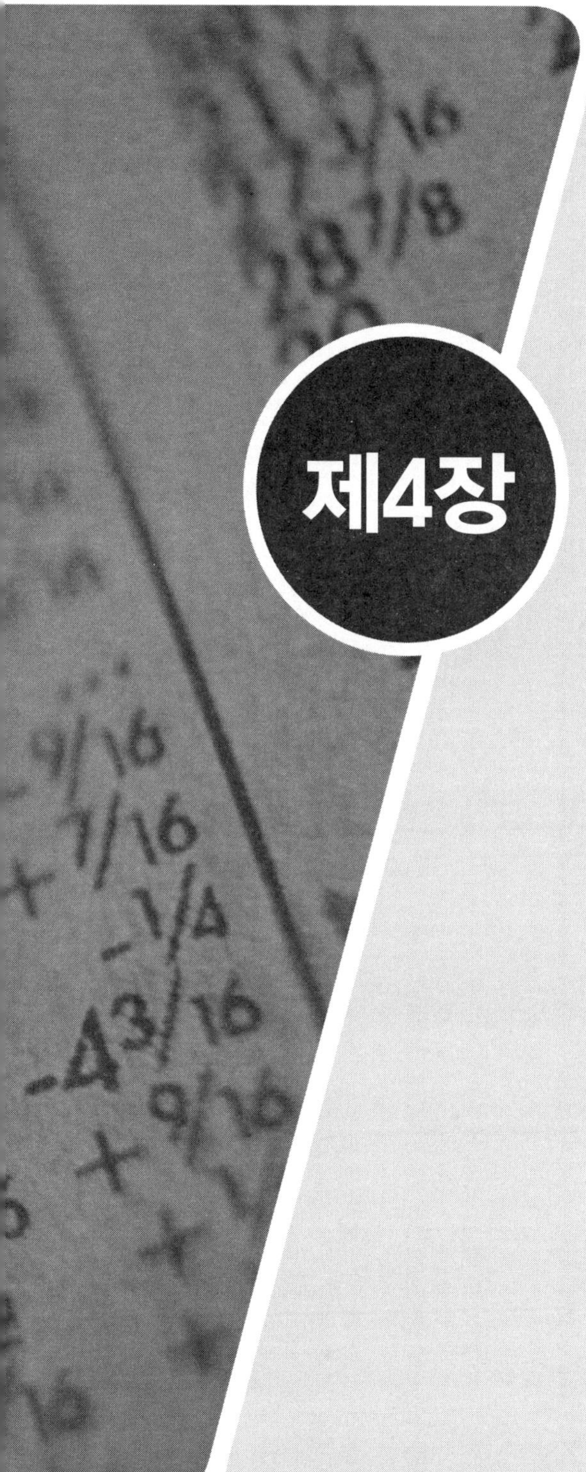

제4장 개체 수의 변화와 뉴턴의 냉각법칙

4.1 개체 수의 변화

일차방정식의 응용으로 모집단의 개체 수 변화와 뉴턴의 냉각법칙에 대하여 알아보자.

생각해 보기

호수에 서식하고 있는 붕어의 개체 수를 조사하려 한다. 시간에 따른 붕어의 개체 수를 $p(t)$라 하자. $p(t)$에 영향을 주는 것은 오직 현재의 개체 수뿐이라고 하자.

(1) 개체 수가 늘어나는 비율은 현재의 개체 수에 비례하는가?
(2) (1)이 타당하다면 비례상수를 k라 하고 "개체 수가 늘어나는 비율은 현재의 개체 수에 비례한다."는 말을 수식(수학적 모델)으로 나타내보자.
(3) 초기의 개체 수를 p_0라고 하면 (2)와 함께 수식(수학적 모델)으로 나타내보자.
(4) $p(t)$에 영향을 주는 것으로 자연사를 추가하면 개체 수가 늘어나는 비율은 무엇에 비례하는지 생각해 보자.

개체 수 $p(t)$가 늘어나는 비율이 현재의 개체 수에 비례한다면 이것은 다음과 같이 수식으로 나타낼 수 있다.

$$\frac{dp}{dt} = k_1 p$$

여기서 k_1은 증가율로 $k_1 > 0$이다. 초기의 개체 수를 p_0라고 하면 이 문제의 수학적 모델은 다음과 같다.

$$\frac{dp}{dt} = k_1 p, \quad p(0) = p_0$$

사람의 경우 오직 자연사만 인정한다면 사망률 k_2 역시 현재 인구에 비례하게 되므로 인구의 증가율은

$$\frac{dp}{dt} = k_1 p - k_2 p = (k_1 - k_2)p$$

이다. $k = k_1 - k_2$라 하면 이 방정식은 분리방정식이고, 해는

$$p(t) = p_0 e^{kt}$$

가 된다. 이것을 인구 증가에 있어 맬서스의 법칙이라고 한다. $k > 0$이면 개체 수가 증가하고 $k < 0$이면 줄어든다.

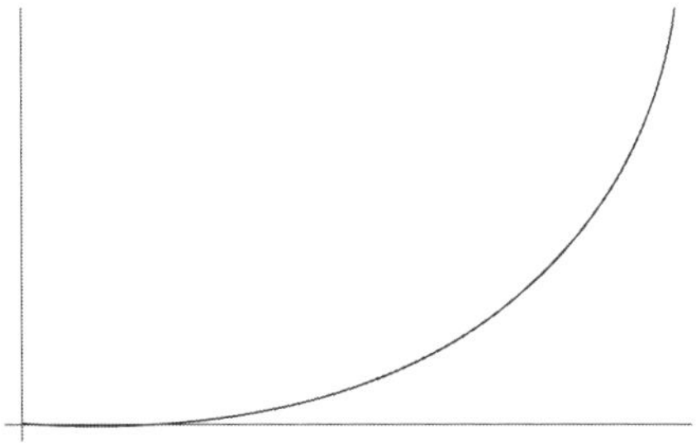

[그림 4.1] $k > 0$인 경우 $p(t) = p_0 e^{kt}$ 그래프

문제 1 인구 증가를 맬서스의 법칙으로 보면 인구 증가가 기하급수적으로 늘어나게 된다. 한편 지구상의 식량은 산술적으로 늘어나 식량이 부족하게 된다. 그래서 산아제한을 해야 하는 가족계획이 각 나라의 정책이 되었다. 우리나라의 가족계획 정책 아래에서 태어난 세대인 학생에게 이 이론이 어떠한 영향을 끼쳤을지 생각해 보라.

이 법칙은 방사성 원소에도 사용된다. 방사성 원소의 양이 반으로 줄어드는 기간은 일정한데, 이것을 반감기라고 하며 방사성 원소마다 그 기간이 다르다. 방사성 원소의 반감기는 그 크기에 관계없이 항상 일정하므로 방사성 원소가 붕괴되는 비율은 현재의 양에 비례한다. 따라서 현재의 양을 $y(0) = y_0$라 하면 수학적 모델은 다음과 같다.

$$\frac{dy}{dt} = ky, \quad y(0) = y_0$$

여기서 $k < 0$이다. 방사성 원소의 양을 나타내는 이 방정식의 해는

$$y(t) = y_0 e^{kt}$$

가 된다.

예제 1 방사성 원소 폴로늄(polonium)의 반감기는 100년이다. 현재 남아 있는 원소가 50년 후에 몇 %나 남아 있을지 알아보자.

풀이 $y(t)=y_0e^{kt}$를 이용하면 $y(100)=y_0e^{100k}=\frac{1}{2}y_0$이므로

$$e^{100k}=\frac{1}{2} \text{ 또는 } e^k=\left(\frac{1}{2}\right)^{1/100}$$

따라서

$$y(t)=y_0e^{kt}=y_0(e^k)^t=y_0\left(\frac{1}{2}\right)^{t/100}$$

그러므로 50년 후에 남아 있을 비율은 $y(50)=y_0\left(\frac{1}{2}\right)^{50/100}\approx 0.7071y_0$로 약 70%이다. ■

문제 2 $\frac{dy}{dt}=ky$, $y(0)=y_0$의 해는 $y(t)=y_0e^{kt}$임을 보이고, 예제 1에서 비례상수 k의 값을 구하라.

예제 2 이집트의 피라미드에서 발견된 관에서 방사성 원소 탄소-14가 63%가 남아 있는 것으로 확인되었다. 이 관은 언제 묻힌 것으로 추측되는가? 탄소-14는 반감기가 5730년이다.

풀이 관이 묻힐 당시의 탄소-14의 양을 1, 즉 $y_0=y(0)=1$이라 하고 $y(t)$를 t년이 지난 후 남아 있는 탄소-14의 양이라고 하면 $y(t)=y_0e^{kt}$이다. 5730년이 지나면 반이 남아 있으므로 $0.5=e^{5730k}$ 또는 $k=-\frac{\ln 2}{5730}$이다. 따라서

$$y(t)=e^{kt}=e^{-\frac{\ln 2}{5730}t}=2^{-\frac{t}{5730}}$$

이다. 현재 방사성 원소 탄소-14가 63% 남아 있으므로 $2^{-\frac{t}{5730}}=0.63$ 또는

$$t=\frac{-5730\ln 0.63}{\ln 2}\approx 3819.48$$

이다. 그러므로 묻힌 지 약 3819년 된 것으로 추정된다. ■

예제 3 박테리아 개체 수가 3일 만에 두 배씩 증가한다고 하자. 초기 개체 수의 3배가 되기 위해서는 몇 일이 걸리는지 알아보자.

풀이 초기 개체 수를 $y(0)=y_0$라 하면 박테리아 개체 수는 $y(t)=y_0e^{kt}$이다. 개체 수가 3일 만에 두 배씩 증가하므로 $y(3)=y_0e^{3k}=2y_0$이고 $e^k=2^{1/3}$이다. 따라서 $y(t)=y_02^{t/3}$이다. 3배가 되기 위해서 걸리는 시간은 $y_02^{t/3}=3y_0$이므로

$$t=3\frac{\ln 3}{\ln 2}\approx 4.755\text{(일)}$$ ■

맬서스의 법칙에 조건을 더 추가하여 보자. 즉 사회생활에서 경쟁관계에 의해서 사망하는 경우를 개체 수의 감소 조건으로 생각할 수 있다. 개체 간의 관계는 현재의 개체 수를 p라고 하면 개체 사이에는 $p(p-1)/2$개의 경쟁관계가 있다. 그러므로 다음 조건이 감소 요인으로 추가된다.

$$k_3\frac{p(p-1)}{2},\ k_3>0$$

이 조건으로부터 $a=k_1-k_2+\frac{k_3}{2}$, $b=\frac{k_3}{2}$라 하면, 로지스틱(또는 Verhulst) 모델

$$\frac{dp}{dt}=p(a-bp),\ p(0)=p_0$$

를 얻고 변수분리방정식으로 유도된다.

$$dt=\frac{dp}{p(a-bp)}=\frac{1}{a}\frac{dp}{p}+\frac{b}{a}\frac{dp}{a-bp}$$

이므로 양변을 적분하면

$$\frac{1}{a}(\ln p-\ln(a-bp))=t+c\ \text{ 또는 }\ \frac{p(t)}{a-bp(t)}=ce^{at}$$

$p(0)=p_0$이므로 $c=\frac{p_0}{a-bp_0}$, $p(t)=ce^{at}(a-bp(t))$이므로

$$p(t)=\frac{ace^{at}}{1+bce^{at}}=\frac{ap_0}{bp_0+(a-bp_0)e^{-at}}$$

이다. 한편 $\lim_{t\to\infty}p(t)=\frac{a}{b}$이므로 결국 개체 수는 $\frac{a}{b}$로 가까이 가되 이를 넘지는 않는다. 이 수를 균형 개체 수(equilibrium population)라 한다.

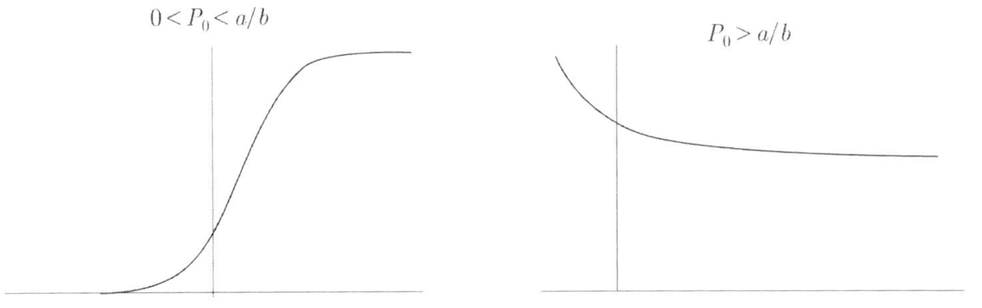

[그림 4.2] 벨허스트의 모델로 본 개체 수

이 방정식은 1840년 벨허스트(P. F. Verhulst)에 의해 처음으로 개발되었다. 좀더 정확한 개체 수의 모델을 구하려면 전쟁, 이민, 기술변화, 다양한 나이대의 암컷의 수, 특히 임신할 수 있는 암컷의 수는 매우 중요한 요소가 된다.

다음 표는 통계청 자료에 의한 2030년까지 5년 단위의 우리나라 인구 예상치이다.

[표 4.1] 통계청 자료에 의한 인구 예상치

연도	인구(만 명)
1960	2501
1965	2870
1970	3224
1975	3528
1980	3812
1985	4080
1990	4286
1995	4509
2000	4700
2005	4829
2010	4921
2015	4980
2020	4995
2025	4983
2030	4932

[표 4.1]에 의하면 1960년 우리나라의 인구는 2501만 명이고 1970년에는 3224만, 1980년은 3812만 명이었다. 이 자료에 근거하여 맬서스의 모델과 벨허스트의 모델을 이용한 인구를 예측해보자.

초기치 $p(0) = 2501$, 20년 후 인구 $p(20) = 3812$를 기준으로 맬서스의 모델을 구하여 보자. $p(t) = 2501e^{kt}$이고 $p(20) = 2501e^{20k} = 3812$이므로

$$k = \frac{\ln 3812 - \ln 2501}{20} \approx 0.021073$$

이다. 따라서 $p(t) = 2501e^{0.021073t}$로 인구는 한없이 늘어난다.

초기치 $p(0) = 2501$과 10년 후 $p(10) = 3224$, 그리고 20년 후 인구 $p(20) = 3812$를 기준으로 벨허스트의 모델을 구하여 보자.

$p(0) = p_0$, $p(t_1) = p_1$, $p(2t_1) = p_2$라고 하면 $p(t) = \dfrac{ap_0}{bp_0 + (a - bp_0)e^{-at}}$로부터

$$a = \frac{1}{t_1}\ln\left[\frac{p_2(p_1 - p_0)}{p_0(p_2 - p_1)}\right], \quad b = \frac{a}{p_1}\left[\frac{p_1^2 - p_0p_2}{p_1p_2 - 2p_0p_2 + p_0p_1}\right]$$

를 얻는다. $p_0 = 2501$, $p_1 = 3224$, $p_2 = 3812$이므로 $a = 0.06281456$, $b = 0.00001304$이므로

$$p(t) = \frac{157.09921}{0.03261304 + 0.03020152e^{-0.06281456t}}$$

이고 $\lim_{t \to \infty} p(t) = \dfrac{a}{b} = 4817$이다. 따라서 인구는 궁극적으로 4817만 명이 된다.

맬서스의 모델과 벨허스트의 모델의 해를 이용하여 구한 인구 예상치는 [표 4.2]와 같고 그래프는 [그림 4.3]과 같다.

[표 4.2] 실제 인구와 맬서스, 벨허스트 모델의 추측 비교

(단위 : 만 명)

연도	통계청	맬서스	벨허스트
1960	2501	2501	2501
1965	2870	2779	2873
1970	3224	3088	3224
1975	3528	3431	3540
1980	3812	3812	3812
1985	4080	4236	4039
1990	4286	4706	4223
1995	4509	5229	4368
2000	4700	5810	4481
2005	4829	6456	4567
2010	4921	7173	4632
2015	4980	7970	4680
2020	4995	8856	4716
2025	4983	9840	4743
2030	4932	1,0933	4763

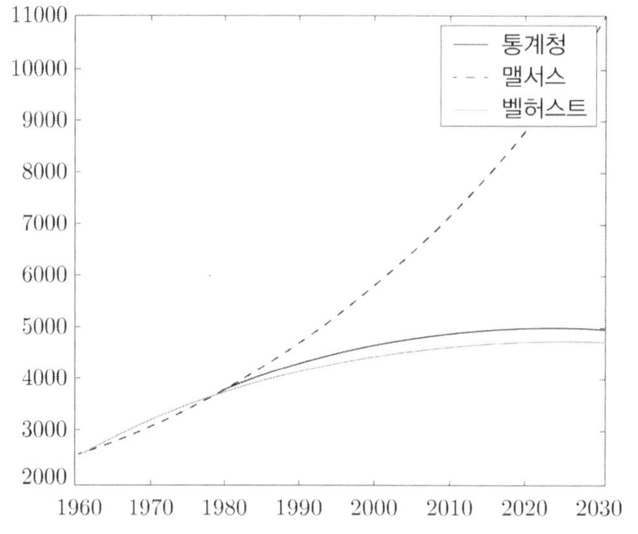

[그림 4.3] 인구 예상치의 비교

문제 3 과학자들은 미래의 사슴 수를 예측하기 위하여 방정식 $\dfrac{dp}{dt} = 0.3p\left(1 - \dfrac{p}{12}\right)$ 를 개발하였다. 현재 사슴의 수 $p_0 = 4$라 가정할 때 시간 $t = 0.5,\ 1,\ 1.5,\ 2$일 때의 사슴 수를 결정하여라. 단, 단위는 백 마리이다.

4.2 뉴턴의 냉각법칙

생각해 보기

뉴턴의 냉각법칙에 의하면 온도의 변화량은 외부온도와 내부온도의 차에 비례한다고 한다. 건물의 내부온도는 건물의 외부온도, 냉난방 장치, 건물 내부에서 발생되는 열 등에 의하여 달라진다. 건물의 24시간 온도 변화 $T(t)$에 대한 수학적 모델을 살펴보아 아래 물음을 생각해 보자.

(1) 오직 외부온도만이 건물의 온도에 영향을 준다면 시간이 충분히 흐른 후 건물 온도는 어떻게 변하는지 설명하라.
(2) 건물 온도가 획기적으로 변화되는 데 걸리는 시간은 얼마인가?
(3) 난로나 에어컨이 없는 봄, 가을에는 온도 변화가 어떠한가?
(4) 에어컨이 있는 여름, 난로가 있는 겨울에는 온도 변화가 어떠한가?

건물 안에서 온도에 영향을 주는 중요한 세 가지 요소는

(1) 건물 안의 사람, 전등, 기계로부터 발산되는 열량 $H(t) > 0$
(2) 난로나 에어컨에 의해 공급되는 열량 $U(t)$
(3) 건물 주변의 온도 $M(t)$

이다. 주변 온도가 항상 일정하다고 하면 건물 내부의 온도는 다음 뉴턴의 냉각법칙에 영향을 받는다.

뉴턴의 냉각법칙

온도의 변화량은 외부온도와 내부온도의 차에 비례한다.

$$\frac{dT}{dt} = k(T_s - T),\ T(0) = T_0$$

단, T_s는 외부온도이고 $k > 0$는 건물의 물리적 성질에 따라 다르다.

외부온도가 건물 내부온도보다 높으면 건물의 내부온도는 올라간다. 마찬가지로 외부온도가 건물 내부온도보다 낮으면 건물의 내부온도도 낮아진다. 그러므로 위 방정식에

서 상수 k는 양수이어야 한다. 즉, $\frac{dT}{dt} > 0$이면 온도는 올라가고 $\frac{dT}{dt} < 0$이면 온도는 내려간다.

외부온도 T_s를 상수라고 하면 위 방정식은 $\frac{dT}{T - T_s} = -kdt$이므로 변수분리방정식이다. 양변을 적분하고 정리하면

$$T = Ce^{-kt} + T_s$$

이고, 초기조건을 대입하면 $T = (T_0 - T_s)e^{-kt} + T_s$이다. $\lim_{t \to \infty} T(t) = T_s$이므로 시간이 지남에 따라 건물 온도는 주변 온도와 같아진다.

예제 5 살인사건을 수사할 때 피해자가 죽은 시간을 알아내는 것은 매우 중요하다. 시체가 발견되었을 당시의 피해자 체온이 25도였고 두 시간 지난 후 20도가 되었다. 만일 주변 온도가 15도였다면 발견되기 몇 시간 전에 살해당했을까? 단 정상적인 사람의 체온은 37도이다.

풀이 주변 온도는 $T_s = 15$이고 시체가 발견된 시간을 0으로 보면 $T(0) = 25$이다. 따라서

$$T(t) = 15 + (25 - 15)e^{-kt} = 15 + 10e^{-kt}$$

두 시간 후 20도가 되었으므로 $T(2) = 15 + 10e^{-2k} = 20$. 따라서 $k = \frac{\ln 2}{2}$이다. 죽을 당시 정상적인 체온이 37도이므로 방정식

$$15 + 10e^{-\frac{\ln 2}{2}t} = 37$$

을 만족하는 $t = -2\frac{\ln 2.2}{\ln 2} = -2.275$이 죽은 시간이다. 즉 발견되기 2시간 17분 전에 죽었음을 추측할 수 있다. ■

일반적으로 주변 온도는 항상 일정하다고 볼 수는 없다. 시간에 관한 주변 온도를 $M(t)$라고 하자. 또한 건물 내의 온도에 영향을 주는 요인인 건물 내의 사람, 전등, 기계로부터 발산되는 열량 $H(t) > 0$, 난로나 에어컨에 의해 공급되는 열량 $U(t)$가 있다고 하면 건물 내부온도를 나타내는 수학적 모델은 다음 방정식으로 나타난다.

$$\frac{dT}{dt} = k(M(t) - T(t)) + H(t) + U(t)$$

이 방정식은 선형방정식으로 다음과 같은 형태이다.

$$\frac{dT}{dt} + P(t)T(t) = Q(t)$$

단 $P(t) = k$, $Q(t) = kM(t) + H(t) + U(t)$이다.

이 방정식의 적분요소 $\mu(t) = \exp\left(\int P(t)dt\right) = e^{kt}$이므로 해는

$$T(t) = e^{-kt}\left[\int e^{kt}(kM(t) + H(t) + U(t))dt + c\right]$$

예제 6 사람이 모두 퇴근하고 외부온도가 M_0로 일정하다고 하자. 기타 발열기구도 모두 꺼져있고 냉난방 시설도 모두 꺼져있다고 하자. $T(t_0) = T_0$일 때 온도 함수를 구하라.

풀이 $M = M_0$, $H = U = 0$이므로 방정식은 $\frac{dT}{dt} + kT(t) = kM_0$이고 해는

$$T(t) = e^{-kt}\left[\int e^{kt}(kM_0)dt + c\right] = M_0 + ce^{-kt}$$

이다. $T(t_0) = T_0$이므로

$$T(t) = M_0 + (T_0 - M_0)e^{-k(t-t_0)}$$

$\lim_{t\to\infty} T(t) = M_0$이므로, 시간이 지남에 따라 내부온도는 외부온도와 같게 된다. 예를 들어 $M_0 = 10$, $t_0 = 0$, $T_0 = 5$, $k = 0.3$이면 내부온도 변화는 [그림 4.4]와 같이 나타난다.

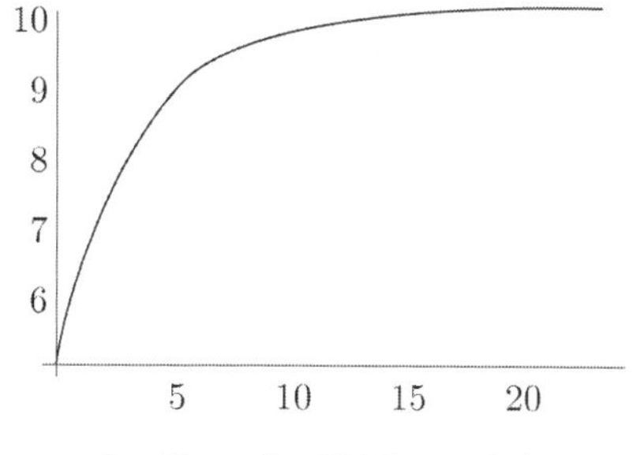

[그림 4.4] 내부온도 변화

■

예제 7 $H(t)=H_0,\ U(t)=0,\ M(t)=M_0-B\cos(\omega t),\ \omega=\frac{\pi}{12},\ T(0)=T_0$일 때 온도 함수를 구하라. 여기서 $B>0,\ M_0$는 평균온도, $t=0$은 자정, $t=12$는 정오를 뜻하며, 이 상황은 봄, 가을 냉난방이 없는 경우에 해당될 수 있다.

풀이 $Q(t)=k(M_0-B\cos\omega t)+H_0=k(B_0-B\cos\omega t),\ B_0=M_0+\frac{H_0}{k}$이므로 해는

$$T(t)=e^{-kt}\left[\int e^{kt}(kB_0-kB\cos\omega t)dt+c\right]$$
$$=B_0-BF(t)+ce^{-kt}$$

이다. 여기서

$$F(t)=\frac{\cos\omega t+\omega/k\sin\omega t}{1+(\omega/k)^2},\quad c=T_0-B_0+F(0)$$

$M_0=10,\ T_0=5,\ B=10,\ \omega=\pi/12,\ k=0.3,\ H_0=0.1$이면 내부온도 변화는 $T(t)=\frac{31}{3}-10F(t)+ce^{-0.3t}$로 나타나 온도 변화의 그래프는 [그림 4.5]와 같다.

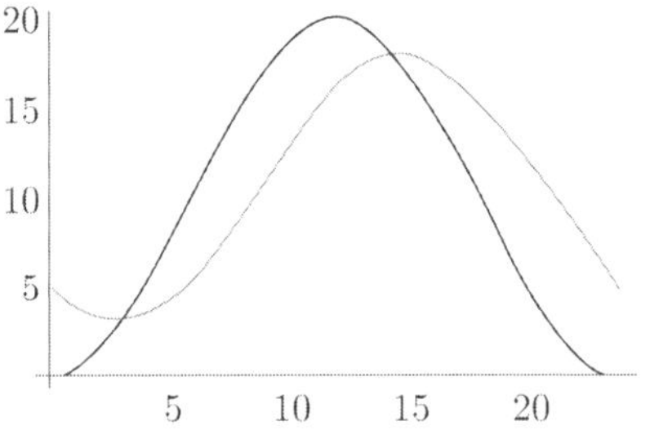

[그림 4.5] 내부와 외부온도 변화

단, $F(t)=\frac{\cos(\pi/12t)+\pi/40\sin(\pi/12t)}{1+(\pi/40)^2},\quad c=5-\frac{31}{3}+\frac{1}{1+(\pi/40)^2}=-4.34$, 즉 봄, 가을 냉난방이 없는 경우 내부온도는 외부온도 변화에 따라 비슷하게 변한다. ■

예제 8 예제 7에서 $U(t) = k_u(T_d - T(t))$, $k_u > 0$라 하자. 즉 건물 온도가 적정온도 T_d보다 높으면 난방을, 낮으면 냉방이 된다. 그러면 건물의 온도 변화는 어떻게 되는가?

풀이 $P(t) = k + k_u$, $Q(t) = k(M_0 - B\cos\omega t) + H_0 + k_u T_d = k_1(B_2 - B_1\cos\omega t)$이고 $k_1 = k + k_u$, $B_2 = \dfrac{k_u T_d + kM_0 + H_0}{k_1}$, $B_1 = \dfrac{Bk}{k_1}$이므로 온도 함수는

$$T(t) = B_2 - B_1 F_1(t) + ce^{-k_1 t}$$

이다. 단

$$F_1(t) = \frac{\cos\omega t + \omega/k_1 \sin\omega t}{1 + (\omega/k_1)^2}, \quad c = T_0 - B_2 + B_1 F_1(0)$$

$M_0 = 20$, $T_0 = 15$, $B = 10$, $\omega = \pi/12$, $k = 0.3$, $k_u = 1.5$, $T_d = 20$, $H_0 = 0.1$일 때 온도의 변화를 그래프를 나타내면 [그림 4.6]과 같다.

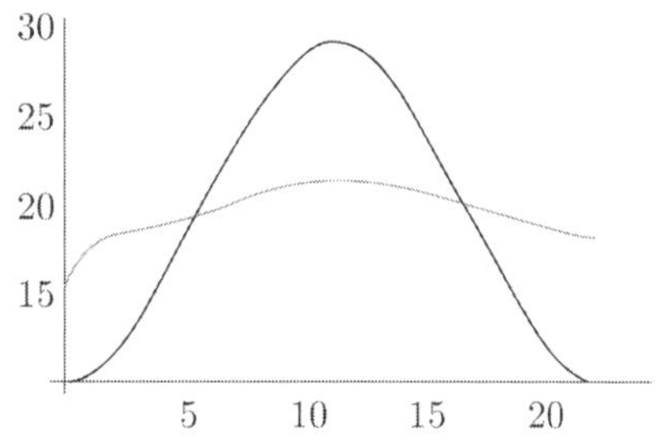

[그림 4.6] 내부와 외부온도 변화

k_1이 k보다 훨씬 크고 H_0는 작으므로 $B_2 \approx T_d$이다. 시간이 충분히 흐르면 $T(t) \approx B_2 - B_1 F_1(t)$가 되어, 어느 정도 시간이 흐르면 실내 온도는 적정온도 주변에 있게 된다. ■

문제 4 너무 뜨거운 커피를 제공하는 것을 염려한 한 음식점의 매니저는 커피 온도의 변화에 대한 좋은 생각을 얻길 원했다.

(1) 뉴턴의 법칙에 따르면 냉각비율은 액체 온도와 실내온도 간의 차이에 비례한다. 현재 실내온도가 섭씨 27도로 유지되면 뉴턴의 방정식은 무엇일까?

(2) 실험을 통해 과학자들은 커피에 대한 비례상수는 약 0.2라는 것을 알게 되었다. 이 상수는 양수인가 음수인가? 그 이유에 대해 설명하여라. 만

약 커피 대신 아이스티라면 비례상수는 양수인가 음수인가? 그 이유는 무엇인가?

(3) 어떤 특정한 순간에 두 잔의 커피가 있다고 가정하자. 하나는 섭씨 93도이고 다른 것은 섭씨 87도이다. 이때 어느 커피가 다른 것보다 빨리 식겠는가? 그 이유에 대해 설명하라.

(4) 미분방정식에 의하면 커피 온도는 궁극적으로 어떻게 변화할 것인가? 자신의 답에 대한 이유를 설명하라.

(5) 미분방정식에 따르면 처음 온도가 다른 두 잔의 커피가 정확히 같은 온도를 갖는 때가 있을까? 그 이유에 대해 설명하라.

제5장 고차 미분방정식

5.1 선형미분방정식과 론스키안

지금까지는 1계도함수만 포함된 미분방정식의 해법을 살펴보았다. 이 장에서는 2계도함수 이상이 포함된 미분방정식의 해를 구하는 방법에 대하여 알아본다.

생각해 보기

1. 2계도함수 이상이 포함된 미분방정식의 해 y는 어떻게 구할까?
2. 선형미분방정식의 해 y는 언제 단 하나의 해만 존재할까?

정의 5.1 다음과 같은 형태의 방정식을 n차 선형미분방정식(Linear Differential Equation)라고 한다.

$$a_n(x)y^{(n)}(x)+\cdots+a_1(x)y'(x)+a_0(x)y(x)=g(x),\ \ a_n(x)\neq 0$$

$g(x)=0$이면 **동차방정식**, 아니면 **비동차방정식**이라 한다. 함수 $a_i(x)$, $0\leq i\leq n$가 모두 상수이면 이 방정식은 상수계수를 갖는다고 한다. 조건

$$y(x_0)=y_0,\ y'(x_0)=y_0',\ \cdots,\ y^{(n-1)}(x_0)=y_0^{(n-1)}$$

을 동반하면 n차 초기치문제(initial value problem)라고 한다.

예제 1 동차방정식과 비동차방정식

(1) $x^2y''-2xy'+4y=0$ 2차 동차방정식

(2) $y'''-88y''+10y'-3y=\cos x$ 3차 비동차방정식

(3) $y^{(4)}-y=0$ 상수계수를 갖는 4차 동차방정식 ■

정리 5.2 (해의 존재성 및 유일성) 구간 I에서 함수 $a_i(x)$, $0\leq i\leq n$이 연속이고, 모든 $x\in I$에서 $a_n(x)\neq 0$이면, 임의의 점 $x_0\in I$에 대하여 다음 초기치문제는 단 하나의 해를 갖는다.

$$a_n(x)y^{(n)}(x)+\cdots+a_1(x)y'(x)+a_0(x)y(x)=g(x),\ a_n(x)\neq 0$$
$$y(x_0)=y_0,\ y'(x_0)=y_0',\ \cdots,\ y^{(n-1)}(x_0)=y_0^{(n-1)}$$

여기서 $y_0,\ y_0',\ \cdots,\ y_0^{(n-1)}$은 상수이다.

예제 2 $y=\frac{7}{6}e^{2x}-\frac{2}{3}e^{-x}-x+\frac{1}{2}$은 $y''-y'-2y=2x,\ y(0)=1,\ y'(0)=2$의 유일한 해이다. ■

예제 3 $y=0$은 $y''-y'-2y=0,\ y(0)=0,\ y'(0)=0$의 유일한 해이다. ■

예제 4 상수 c에 대하여 $y=cx^2+x+3$은 R 위에서 $x^2y''-2xy'+2y=6,\ y(0)=3,\ y'(0)=1$의 해이다. 따라서 $x^2y''-2xy'+2y=6,\ y(0)=3,\ y'(0)=1$은 여러 해를 갖는다. $a_2(x)=x^2$은 R 위에서 0이 될 수 있으므로 이 방정식은 정리 5.2의 조건을 만족하지 않는다. ■

정의 5.3 다음과 같은 형태의 2차 미분방정식을 두 점 경계치문제(two point boundary value problem)라고 한다. 단 $a_2(x)\neq 0$.

$$a_2(x)y''(x)+a_1(x)y'(x)+a_0(x)y(x)=g(x)$$
$$y(a)=y_0,\ y(b)=y_1$$

예제 5 $y=3x^2-6x+3$은 $(0,\ \infty)$ 위에서 $x^2y''-2xy'+2y=6,\ y(1)=0,\ y(2)=3$의 해이다. ■

일반적인 경계조건은 다음을 만족하는 것이다.

$$\alpha_1y(a)+\beta_1y'(a)=\gamma_1,\ \alpha_2y(b)+\beta_2y'(b)=\gamma_2$$

α_1과 α_2가 0이 아니고 $\beta_1=\beta_2=0$이면 두 점 경계치문제가 된다. 정리 5.2의 조건을 만족할지라도 두 점 경계치문제는 해가 없을 수도 또는 많을 수도 있다.

예제 6 상수 c에 대하여 $y = c\sin 4x$는 $y'' + 16y = 0,\ y(0) = y\left(\frac{\pi}{2}\right) = 0$의 해이다. 따라서 두 점 경계치문제 $y'' + 16y = 0,\ y(0) = y\left(\frac{\pi}{2}\right) = 0$의 해는 무수히 많다. ■

예제 7 $y'' + 16y = 0$의 일반해 $y = c\sin 4x$는 경계치 $y(0) = 0,\ y\left(\frac{\pi}{2}\right) = 1$을 만족하지 못하므로 $y'' + 16y = 0,\ y(0) = 0,\ y\left(\frac{\pi}{2}\right) = 1$을 만족하는 해는 없다. ■

> **정의 5.4** 구간 I 위에서 $c_1 f_1(x) + c_2 f_2(x) + \cdots + c_n f_n(x) = 0$이면 $c_1 = c_2 = \cdots = c_n = 0$일 때, $\{f_1(x),\ f_2(x),\ \cdots,\ f_n(x)\}$를 I 위에서 **일차독립(linearly independent)**이라고 한다. 일차독립이 아니면 **일차종속(linearly dependent)**이라고 한다.

예제 8 다음과 같음을 보여라.

(1) $\{2x,\ 4x\}$는 일차종속

(2) $\{e^x,\ e^{2x}\}$는 일차독립

(3) $\{1,\ x,\ x^2\}$은 일차독립

(4) $\{\cos 2x,\ \sin 2x,\ \sin x \cos x\}$는 일차종속

풀이 (1) $-2(2x) + 4x = 0$이므로 일차종속

(2) 모든 x에 대하여 $ae^x + be^{2x} = 0 \Rightarrow a + be^x = 0 \Rightarrow a = b = 0$이므로 일차독립

(3) $c_1 + c_2 x + c_3 x^2 = 0 \Rightarrow c_1 = c_2 = c_3 = 0$이므로 일차독립

(4) $0 \cdot \cos 2x + 1 \cdot \sin 2x + (-2) \cdot \sin x \cos x = 0$이므로 일차종속 ■

문제 1 다음은 일차독립인지 일차종속인지 설명하라.

(1) 구간 $(-\infty,\ \infty)$ 위에서 $\{x,\ x^2,\ 2x + 3x^2\}$

(2) 구간 $(-\infty,\ \infty)$ 위에서 $\{\sin x,\ \cos x\}$

(3) 구간 $(0,\ \infty)$ 위에서 $\{x,\ |x|\}$

(4) 구간 $(-1,\ 1)$ 위에서 $\{x,\ |x|\}$

정의 5.4에 의하여 $S = \{f_1(x),\ f_2(x),\ \cdots,\ f_n(x)\}$가 일차종속이면 적당한 $c_i \neq 0$가

존재하여

$$c_1f_1(x)+\cdots+c_nf_n(x)=0$$

이다. 따라서 $f_i(x)=[c_1f_1(x)+\cdots+c_{i-1}f_{i-1}(x)+c_{i+1}f_{i+1}(x)+\cdots+c_nf_n(x)]/c_i$가 되어 S의 함수는 다른 함수의 일차결합으로 나타낼 수 있다. 그러나 $S=\{f_1(x), f_2(x), \cdots, f_n(x)\}$가 일차독립이면

$$c_1f_1(x)+c_2f_2(x)+\cdots+c_nf_n(x)=0 \Rightarrow c_1=c_2=\cdots=c_n=0$$

이 되어 S의 어떠한 함수도 다른 함수의 일차결합으로 표시할 수 없다. 예제 8의 (4)의 경우 일차종속이고 $\sin 2x=2\sin x\cos x+0\cos 2x$로 나타낼 수 있다.

정의 5.5 $S=\{f_1(x), \cdots, f_n(x)\}$이 $n-1$번 미분가능하다고 하면 다음 행렬식을 S의 론스키안(Wronskian)이라고 한다.

$$W(S)=\begin{vmatrix} f_1(x) & f_2(x) & \cdots & f_n(x) \\ f'_1(x) & f'_2(x) & \cdots & f'_n(x) \\ \vdots & \vdots & \vdots & \vdots \\ f_1^{(n-1)}(x) & f_2^{(n-1)}(x) & \cdots & f_n^{(n-1)}(x) \end{vmatrix}$$

예제 9 다음 함수의 론스키안을 구하라.

(1) $S=\{2x, 4x\}$ (2) $S=\{e^x, e^{2x}\}$

(3) $S=\{1, x, x^2\}$ (4) $S=\{\sin x, \cos x\}$

풀이 (1) $W(2x, 4x)=\begin{vmatrix} 2x & 4x \\ 2 & 4 \end{vmatrix}=0$

(2) $W(e^x, e^{2x})=\begin{vmatrix} e^x & e^{2x} \\ e^x & 2e^{2x} \end{vmatrix}=e^{3x}$

(3) $W(1, x, x^2)=\begin{vmatrix} 1 & x & x^2 \\ 0 & 1 & 2x \\ 0 & 0 & 2 \end{vmatrix}=2$

(4) $W(\sin x, \cos x)=\begin{vmatrix} \sin x & \cos x \\ \cos x & -\sin x \end{vmatrix}=-1$ ■

문제 2 다음 함수의 론스키안을 구하라.

(1) $\{1, e^x\}$ (2) $\{1, \ln x\}$

(3) $\{x,\ x^2,\ 2x+3x^2\}$　　　　　(4) $\{1,\ \sin x,\ \cos x\}$

정의 5.5를 직접 이용하는 것보다는 론스키안을 이용하면 함수들이 일차독립인지 일차종속인지 쉽게 알 수 있다.

정리 5.6 $S=\{f_1(x),\ \cdots,\ f_n(x)\}$가 구간에서 $n-1$번 미분가능하다고 하자. 적어도 구간의 한 점에서 $W(S)\neq 0$이면 $S=\{f_1(x),\ \cdots,\ f_n(x)\}$는 일차독립이다.

증명 ($n=2$인 경우) $c_1f_1(x)+c_2f_2(x)=0$이라고 하자. 그러면 다음을 얻는다.

$$c_1f_1(x)+c_2f_2(x)=0$$
$$c_1f_1{}'(x)+c_2f_2{}'(x)=0$$

따라서 한 점 $a\in I$에서

$$\begin{matrix} c_1f_1(a)+c_2f_2(a)=0 \\ c_1f_1{}'(a)+c_2f_2{}'(a)=0 \end{matrix} \Leftrightarrow \begin{pmatrix} f_1(a) & f_2(a) \\ f_1{}'(a) & f_2{}'(a) \end{pmatrix}\begin{pmatrix} c_1 \\ c_2 \end{pmatrix}=\begin{pmatrix} 0 \\ 0 \end{pmatrix}$$

이다. 가정에 의하여 $\begin{vmatrix} f_1(a) & f_2(a) \\ f_1{}'(a) & f_2{}'(a) \end{vmatrix}=W(f_1(a),\ f_2(a))\neq 0$이므로 $\begin{pmatrix} f_1(a) & f_2(a) \\ f_1{}'(a) & f_2{}'(a) \end{pmatrix}$은 역행렬이 존재한다. 그러므로 $c_1=c_2=0$이고, 따라서 $\{f_1(x),\ f_2(x)\}$는 일차독립이다. 일반적인 경우의 증명도 같은 방법으로 할 수 있다. □

정리 5.6에 의하여 예제 9의 (1)은 일차종속이나 (2), (3), (4)는 론스키안이 0이 아니므로 일차독립이다. 또한 대우명제에 의하여 $S=\{f_1(x),\ \cdots,\ f_n(x)\}$가 일차종속이면 모든 $x\in I$, $W(S)=0$이다.

5.2 일반해와 특이해

생각해 보기

일반해와 특이해의 차이점은?

정리 5.7 $f_1(x), \cdots, f_k(x)$가 동차방정식

$$a_n(x)y^{(n)}(x)+\cdots+a_1(x)y'(x)+a_0(x)y(x)=0$$

의 해이면 $f(x)=c_1f_1(x)+\cdots+c_kf_k(x)$도 해가 된다.

증명 $f_1(x), \cdots, f_k(x)$가 해이므로

$$\begin{aligned}
&a_n(x)f_1^{(n)}(x)+\cdots+a_1(x)f_1{}'(x)+a_0(x)f_1(x)=0\\
&a_n(x)f_2^{(n)}(x)+\cdots+a_1(x)f_2{}'(x)+a_0(x)f_2(x)=0\\
&\vdots \\
&a_n(x)f_k^{(n)}(x)+\cdots+a_1(x)f_k{}'(x)+a_0(x)f_k(x)=0
\end{aligned}$$

이 성립한다. 따라서

$$\begin{aligned}
&a_n(x)f^{(n)}(x)+\cdots+a_1(x)f'(x)+a_0(x)f(x)\\
&=a_n(x)(c_1f_1+\cdots+c_kf_k)^{(n)}(x)+\cdots+a_1(x)(c_1f_1+\cdots+c_kf_k)'(x)+\\
&\quad a_0(x)(c_1f_1+\cdots+c_kf_k)(x)\\
&=c_1[a_n(x)f_1^{(n)}(x)+\cdots+a_1(x)f_1{}'(x)+a_0(x)f_1(x)]+\cdots+\\
&\quad c_k[a_n(x)f_k^{(n)}(x)+\cdots+a_1(x)f_k{}'(x)+a_0(x)f_k(x)]\\
&=0
\end{aligned}$$

이므로 $f(x)=c_1f_1(x)+\cdots+c_kf_k(x)$도 해가 된다. □

정의 5.8 $f_1(x), \cdots, f_n(x)$가 동차방정식

$$a_n(x)y^{(n)}(x)+\cdots+a_1(x)y'(x)+a_0(x)y(x)=0$$

의 일차독립인 해이면 $\{f_1(x),\ \cdots,\ f_n(x)\}$를 이 방정식의 기본해집합(fundamental set of solutions)이라고 한다.

예제 10 $\{e^{-5x},\ e^{-x}\}$는 $y''+6y'+5y=0$의 기본해이다.

풀이 $W(S)=\begin{vmatrix} e^{-5x} & ,e^{-x} \\ -5e^{-x} & -e^{-x}\end{vmatrix}=4e^{-6x}\neq 0$이므로 $\{e^{-5x},\ e^{-x}\}$는 일차독립이고

$$(e^{-5x})''+6(e^{-5x})'+5(e^{-5x})=0,\ \ (e^{-x})''+6(e^{-x})'+5(e^{-x})=0$$

이므로 $\{e^{-5x},\ e^{-x}\}$는 해가 된다. 따라서 기본해이다. ■

문제 3 다음을 보여라.

(1) $\{e^{-x},\ e^{2x}\}$는 $y''-y'-2y=0$의 기본해이다.

(2) $\{\cos 2x,\ \sin 2x\}$는 $y''+4y=0$의 기본해이다.

정리 5.9 열린구간 I에서 함수 $a_i(x),\ i=0,\ \cdots,\ n$이 연속이고 $a_n(x)\neq 0$이면 n차 선형 동차미분방정식은 n개의 기본해를 갖는다.

정리 5.10 n차 선형 동차미분방정식의 임의의 $n+1$개의 해는 일차종속이다.

정리 5.10에 의하여 n차 선형방정식의 서로 일차독립인 해는 n개임을 알 수 있다.

정의 5.11 $\{f_1(x),\ \cdots,\ f_n(x)\}$가 n차 선형 동차방정식

$$a_n(x)y^{(n)}(x)+\cdots+a_1(x)y'(x)+a_0(x)y(x)=0$$

의 기본해집합이면 $y(x)=c_1f_1(x)+\cdots+c_nf_n(x)$를 이 방정식의 일반해(general solution)라고 한다.

예제 11 $y=c_1e^{-5x}+c_2e^{-x}$는 방정식 $y''+6y'+5y=0$의 일반해이다.

풀이 위 예제에 의하여 $\{e^{-5x}, e^{-x}\}$가 방정식 $y''+6y'+5y=0$의 기본해이므로 $y=c_1e^{-5x}+c_2e^{-x}$는 일반해이다. ■

문제 4 문제 3에서 각각 일반해를 구하라.

정의 5.12 상수의 일차결합으로 이루어지지 않은 함수 $y_p(x)$가 다음 비동차방정식

$$a_n(x)y^{(n)}(x)+\cdots+a_1(x)y'(x)+a_0(x)y(x)=g(x)$$

의 해이면 $y_p(x)$를 **특이해(particular solution)**라고 한다.

예제 12 $y_p=3$은 방정식 $y''+9y=27$의 특이해이다. ■

예제 13 $y_p=x^3-x$는 방정식 $x^2y''+2xy'-8y=4x^3+6x$의 특이해이다. ■

정의 5.13 $f_1(x), \cdots, f_n(x)$가 $a_n(x)y^{(n)}(x)+\cdots+a_1(x)y'(x)+a_0(x)y(x)=0$의 일차독립인 해이고, $y_p(x)$가 비동차방정식

$$a_n(x)y^{(n)}(x)+\cdots+a_1(x)y'(x)+a_0(x)y(x)=g(x)$$

의 해이면 비동차방정식의 일반해는 $y=c_1y_1(x)+\cdots+c_ny_n(x)+y_p(x)$이다.

예제 14 $y_p=3$은 방정식 $y''+9y=27$의 특이해이고 $y=c_1\sin 3x+c_2\cos 3x$는 일반해이므로

$$y=c_1\sin 3x+c_2\cos 3x+3$$

도 $y''+9y=27$의 일반해이다. ■

문제 5 다음을 보여라.

(1) $y_p=-\dfrac{11}{12}-\dfrac{1}{2}x$는 $y'''-6y''+11y-6y=3x$의 특이해임을 보여라.

(2) $\{e^x, e^{2x}, e^{3x}\}$는 $y'''-6y''+11y-6y=0$의 기본해임을 보여라.

(3) $y'''-6y''+11y-6y=3x$의 일반해를 구하라.

5.3 차수 줄이기

앞서 설명하였듯이 이차 선형미분방정식의 해는 두 개의 일차독립인 해의 일차결합으로 이루어진다. 그 중 한 해를 알고 있다면 다른 일차독립인 해를 구할 수 있다.

생각해 보기

이차 선형미분방정식의 한 해를 알면 일차독립인 다른 해는 어떻게 구할까?

$y''+p(x)y'+q(x)y=0$의 한 해를 알면 일차독립인 다른 해를 구할 수 있다. 즉 $y=f(x)$가 해이면 다른 해를 $y=v(x)f(x)$라 하자. 그러면

$$\begin{aligned} y''+p(x)y'+q(x)y &= (f''v+2v'f'+fv'')+p(x)(f'v+fv')+q(x)vf \\ &= (f''+p(x)f'+q(x)f)v+fv''+2v'f'+p(x)fv' \\ &= fv''+(2f'+p(x)f)v' \end{aligned}$$

$w=v'$으로 놓으면 $y''+p(x)y'+q(x)y=fw'+(2f'+p(x)f)w$가 되어 다음과 같이 이차방정식이 일차방정식으로 차수가 줄어든다.

$$fw'+(2f'+p(x)f)w=0$$

단 $w=v'$. 이 방정식은 변수분리방정식 $\frac{dw}{w}=\left(-\frac{2f'}{f}-p\right)dx$가 된다. 양변을 적분하면

$$\ln|w|=\ln\left(\frac{1}{f^2}\right)-\int p(x)dx \quad \text{또는} \quad w=\frac{1}{f^2}e^{-\int p(x)dx}$$

이다. $\frac{dv}{dx}=w=\frac{1}{f^2}e^{-\int p(x)dx}$이고 양변을 적분하면 $v(x)=\int\frac{e^{-\int p(x)dx}}{f(x)^2}dx$이다. 그러므로 다른 한 해는 $y=f(x)\int\frac{e^{-\int p(x)dx}}{f(x)^2}dx$가 된다. 한편

$$W\left(f(x),\ f(x)\int \frac{e^{-\int p(x)dx}}{f(x)^2}dx\right)=\begin{vmatrix} f(x), f(x)\int \frac{e^{-\int p(x)dx}}{f(x)^2}dx \\ f'(x), f'(x)\int \frac{e^{-\int p(x)dx}}{f(x)^2}dx+\frac{e^{-\int p(x)dx}}{f(x)} \end{vmatrix}$$

$$=e^{-\int p(x)dx}\neq 0$$

이므로 $y=f(x)$와 $y=f(x)\int \frac{e^{-\int p(x)dx}}{f(x)^2}dx$는 일차독립이다.

정리 5.14 $y=f(x)$가 $y''+p(x)y'+q(x)y=0$의 해이면 일차독립인 다른 해는 다음과 같다.

$$y=f(x)\int \frac{e^{-\int p(x)dx}}{f(x)^2}dx$$

예제 15 $y=e^{-3x}$는 $y''+6y'+9y=0$의 해이다. 다른 일차독립인 해를 구하라.

풀이 $v(x)=\int \frac{e^{-\int p(x)dx}}{f(x)^2}dx=\int \frac{e^{-\int 6dx}}{e^{-6x}}dx=x$이므로

$$y=xe^{-3x}$$ ■

예제 16 $y=x^{-1/2}$은 $4x^2y''+8xy'+y=0,\ x>0$의 해이다. 다른 일차독립인 해를 구하라.

풀이 $v(x)=\int \frac{e^{-\int p(x)dx}}{f(x)^2}dx=\int \frac{e^{-2\ln x}}{x^{-1}}dx=\int x^{-1}dx=\ln x$이므로

$$y=x^{-1/2}\ln x$$ ■

문제 6 다음 주어진 함수가 방정식의 해임을 보이고 일차독립인 다른 해를 구하라.

(1) $x^2y''-3xy'+4y=0,\ y=x^2$ (2) $y''+9y=0,\ y=\sin 3x$

(3) $x^2y''-6y=0,\ y=x^3$ (4) $xy''+y'=0,\ y=\ln x$

제5장 연습문제

1. 다음 함수들이 $(-\infty, \infty)$ 위에서 일차독립인지 일차종속인지 판단하라.

(1) $\{x, e^x\}$　　(2) $\{1, \sin x\}$

(3) $\{1, \sin x, \sin 2x\}$　　(4) $\{1, \cos 2x, \cos^2 x\}$

(5) $\{e^{mx}, e^{nx}\}$　　(6) $\{x^m, x^n\}$

2. 주어진 구간 위에서 다음 함수들이 일차독립인지 일차종속인지 판단하라.

(1) $\{1, \ln x\}$, $(0, \infty)$　　(2) $\{x, x\ln x, x^2\ln x\}$, $(0, \infty)$

(3) $\{\sin x, \csc x\}$, $(0, \pi)$　　(4) $\{\tan x, \cot x\}$, $(0, \pi/2)$

3. 다음이 주어진 방정식의 기본해임을 보여라.

(1) $\{e^{-6x}, e^{-4x}\}$, $y'' + 10y' + 24y = 0$

(2) $\{e^{-x}, e^{3x}, xe^{3x}\}$, $y''' - 5y'' + 3y' + 9y = 0$

(3) $\{e^x \cos 2x, e^x \sin 2x\}$, $y'' - 2y' + 5y = 0$

(4) $\{1, x, \cos x, \sin x\}$, $y^{(4)} + y'' = 0$

4. 다음 방정식의 주어진 해와 다른 해를 구하라.

(1) $x^2y'' - 3xy' + 4y = 0$, $y = x^2\ln x$

(2) $y'' - 4y' + 4y = 0$, $y = e^{2x}$

(3) $y'' + 9y = 0$, $y = \cos 3x$

(4) $y'' - 5y' + 6y = 0$, $y = e^{3x}$

(5) $y'' + 6y' + 8y = 0$, $y = e^{-2x}$

(6) $x^2y'' - xy' + y = 0$, $y = x^{-1}$

제6장 상수계수 고차 미분방정식

6.1 상수계수를 갖는 동차방정식

다항방정식 $a_n x^n + \cdots + a_1 x + a_0 = 0$의 근은 인수분해 또는 조립제법을 이용하여 구할 수 있다. 계수함수가 상수인 선형미분방정식은 적당한 치환에 의하여 다항방정식으로 변환할 수 있다. 그러므로 다항방정식의 근을 구할 수 있으면 계수함수가 상수인 선형미분방정식의 해도 구할 수 있다.

생각해 보기

계수함수가 상수인 선형미분방정식과 다항방정식 사이에는 어떠한 관계가 있을까?

정의 6.1 방정식 $a_n y^{(n)}(x) + \cdots + a_1 y'(x) + a_0 y(x) = 0$의 보조방정식은 다음과 같이 정의된다.

$$a_n m^n + \cdots + a_1 m + a_0 = 0$$

정의 6.1에 의하여 방정식 $ay'' + by' + cy = 0$의 보조방정식은 $am^2 + bm + c = 0$이다. 이 방정식의 근을 m이라 하고 $y = e^{mx}$라고 하자. 그러면 $y' = me^{mx}$, $y'' = m^2 e^{mx}$이므로

$$ay'' + by' + cy = (am^2 + bm + c)e^{mx} = 0$$

이 된다. 따라서 $y = e^{mx}$는 미분방정식의 해가 된다. 서로 다른 두 근을 m_1과 m_2라고 하면 $y = e^{m_1 x}$, $y = e^{m_2 x}$는 해이고

$$W = \begin{vmatrix} e^{m_1 x} & e^{m_2 x} \\ m_1 e^{m_1 x} & m_2 e^{m_2 x} \end{vmatrix} = (m_2 - m_1)e^{(m_1 + m_2)x} \neq 0$$

이므로 일차독립이다. 따라서 일반해는 $y = c_1 e^{m_1 x} + c_2 e^{m_2 x}$가 된다.

정리 6.2 $am^2+bm+c=0$의 두 근을 m_1과 m_2라고 하자. 그러면 방정식 $ay''+by'+cy=0$의 일반해는 다음과 같다.

(1) $m_1 \neq m_2$이고 실수이면 $y=c_1e^{m_1x}+c_2e^{m_2x}$이다.

(2) $m_1=m_2(\equiv m)$인 중근이면 $y=(c_1+c_2x)e^{mx}$이다.

(3) $m=\alpha \pm i\beta$이면 $y=e^{\alpha x}(c_1\cos\beta x+c_2\sin\beta x)$이다.

문제 1 (1) 차수 줄이기를 이용하여 정리 6.2의 (2)에서 다른 해는 $y=xe^{mx}$임을 증명하라.

(2) 정리 6.2의 (2)에서 구한 두 해가 일차독립임을 보여라.

(3) 오일러(Euler) 공식 $e^{ix}=\cos x+i\sin x$를 이용하여 정리 6.2의 (3)을 증명하라

예제 1 $y''+3y'-4y=0$의 일반해를 구하라.

풀이 • $m^2+3m-4=(m-1)(m+4)=0$이므로 $m=-4,\ 1$. 따라서 일반해는

$$y=c_1e^{-4x}+c_2e^{x}$$ ■

예제 2 $y''+2y'+y=0$의 일반해를 구하라.

풀이 • $m^2+2m+1=(m+1)^2=0$이므로 $m=-1$. 따라서 일반해는

$$y=(c_1+c_2x)e^{-x}$$ ■

예제 3 $y''+4y'+20y=0,\ y(0)=3,\ y'(0)=-1$의 해를 구하라.

풀이 • $m^2+4m+20=0,\ m=-2\pm 4i$이므로 $y=e^{-2x}(c_1\cos 4x+c_2\sin 4x)$.

$y(0)=c_1=3,\ y'(0)=2(2c_2-c_1)=-1,\ c_2=\dfrac{5}{4}$이므로 해는

$$y=e^{-2x}\left(3\cos 4x+\frac{5}{4}\sin 4x\right)$$ ■

문제 2 다음 방정식의 해를 구하라.

(1) $y''+y'-2y=0$ (2) $y''+y=0$

(3) $y'' + 6y' + 9y = 0$ (4) $y'' - 4y' + 4y = 0$

3차 이상인 상수계수 선형미분방정식의 보조방정식 $a_n m^n + \cdots + a_1 m + a_0 = 0$은 2차 이하로 인수분해가 된다. 그러므로 해는 정리를 적용하여 나온 해의 일차결합으로 나타난다.

예제 4 $y^{(4)} - y = 0$의 일반해를 구하라.

풀이 $m^4 - 1 = (m+1)(m-1)(m^2+1) = 0$이고 $m = \pm 1,\ \pm i$이므로

$$y = c_1 e^x + c_2 e^{-x} + c_3 \cos x + c_4 \sin x$$ ■

예제 5 $9y''' - 3y'' + 31y' - 37y = 0,\ y(0) = 0,\ y'(0) = -1,\ y''(0) = 1$의 일반해를 구하라.

풀이 $9m^3 - 3m^2 + 31m - 37 = (m-1)(9m^2 + 6m + 37) = 0$이고 $m = 1,\ -\dfrac{1}{3} \pm 2i$이므로

$$y = c_1 e^x + e^{-x/3}(c_2 \cos 2x + c_3 \sin 2x)$$

이다. 초기조건 $y(0) = 0,\ y'(0) = -1,\ y''(0) = 1$에 의하여

$$y(0) = c_1 + c_2 = 0,\ y'(0) = c_1 - \frac{1}{3}c_2 + 2c_3 = -1,$$

$$y''(0) = c_1 - \frac{35}{9}c_2 - \frac{4}{3}c_3 = 1$$

이므로 $c_1 = \dfrac{3}{52},\ c_2 = -\dfrac{3}{52},\ c_3 = -\dfrac{7}{13}$. 따라서

$$y = \frac{3}{52}e^x + e^{-x/3}\left(-\frac{3}{52}\cos 2x - \frac{7}{13}\sin 2x\right)$$ ■

정리 6.2의 (2)에서 보듯이 근 m의 중복도가 2이면 일차독립인 해는 $y = e^{mx}$, $y = xe^{mx}$가 된다. 같은 이유로 근 m의 중복도가 k이면 일차독립인 해는

$$e^{mx},\ xe^{mx},\ \cdots,\ x^{k-1}e^{mx}$$

가 되어 일반해는 이 해의 일차결합으로 이루어진다. 허근 $m = \alpha \pm i\beta$의 중복도가 k이

면 일차독립인 해는

$$e^{\alpha x}\cos\beta x,\ xe^{\alpha x}\cos\beta x,\ \cdots,\ x^{k-1}e^{\alpha x}\cos\beta x \text{와}$$
$$e^{\alpha x}\sin\beta x,\ xe^{\alpha x}\sin\beta x,\ \cdots,\ x^{k-1}e^{\alpha x}\sin\beta x$$

이고 일반해는 이 해의 일차결합으로 이루어진다.

예제 6 $y''' + 3y'' - 4y = 0$의 해를 구하여 보자.

풀이 $m^3 + 3m^2 - 4m = (m-1)(m+2)^2 = 0$이므로 $m = 1,\ -2$이고 $m = -2$의 중복도는 2이므로 해는 $y = c_1e^x + c_2e^{-2x} + c_3xe^{-2x}$가 된다. ■

예제 7 $y''' + 3y'' + 3y' + y = 0$의 해를 구하여 보자.

풀이 $m^3 + 3m^2 + 3m + 1 = (m+1)^3 = 0$이므로 $m = -1$의 중복도는 3이다. 따라서 해는 $y = (c_1x + c_2x + c_3x^2)e^{-x}$가 된다. ■

문제 3 다음 방정식의 해를 구하라.

(1) $y''' - 3y'' + 3y' - y = 0$

(2) $y^{(4)} + 2y'' + y = 0$

(3) $y''' + 12y'' + 36y' = 0,\ y(0) = 0,\ y'(0) = 1\ \ y''(0) = 0$

(4) $y^{(4)} - y = 0,\ y(0) = y'(0) = y''(0) = 0,\ y'''(0) = 1$

6.2 상수계수를 갖는 비동차방정식

생각해 보기

비동차방정식의 특이해는 어떻게 구할까?

정의 6.3 임의의 상수를 포함하지 않고 다음 방정식을 만족하는 해 $y_p(x)$를 방정식의 특이해(particular S)라고 한다.

$$a_n(x)y^{(n)}(x)+\cdots+a_1(x)y'(x)+a_0(x)y(x)=g(x)$$

예제 8 $y_p(x)=\frac{3}{5}\sin x$는 $y''-4y=-3\sin x$의 특이해이다. 왜냐하면

$$y_p''-4y_p=-3\sin x$$ ■

정리 6.4 비동차방정식 $a_n(x)y^{(n)}(x)+\cdots+a_1(x)y'(x)+a_0(x)y(x)=g(x)$의 일반해는 $y=y_h(x)+y_p(x)$이다. 여기서 $y_h(x)$는 동차방정식

$$a_n(x)y^{(n)}(x)+\cdots+a_1(x)y'(x)+a_0(x)y(x)=0$$

의 일반해이고 $y_p(x)$는 방정식 (*)의 특이해이다.

예제 9 $y_p=\frac{1}{2}x^3-\frac{3}{2}x^2+\frac{3}{2}x$, $y_h=e^{-x}(c_1\cos x+c_2\sin x)$일 때 $y=y_h+y_p$는 $y''+2y'+2y=x^3$의 일반해이다. ■

다음은 특이해를 구하는 방법에 대하여 알아보자. 예를 들어 $y''+4y'+3y=e^x$의 특이해를 우선 구하여 보자. 이 방정식의 동차방정식의 일반해는

$$y_h=c_1e^{-x}+c_2e^{-3x}$$

이다. 함수 e^x의 도함수 특징으로 보아 $y_p = Ae^x$가 특이해라고 가정하고 A를 구하자.

$$y_p'' + 4y_p' + 3y_p = 8Ae^x = e^x,\ A = \frac{1}{8}.$$

일반해는 $y = c_1e^{-x} + c_2e^{-3x} + \frac{1}{8}e^x$가 된다. 이와 같이 구하는 방법을 **미정계수법**(the method of undetermined coefficient)이라 한다.

$y'' + 4y' + 3y = e^{-3x}$의 특이해를 구하여 보자. 앞에서와 같이 $y_p = Ae^{-3x}$가 특이해라고 가정하고 A를 구하려면 이 해는 동차방정식의 해이므로 구할 수 없다. 한편 $y_p = Axe^{-3x}$라 가정하면

$$y_p'' + 4y_p' + 3y_p = -2Ae^{-3x} = e^{-3x}$$

이므로 $A = -\frac{1}{2}$. 따라서 일반해는 $y_h = c_1e^{-x} + c_2e^{-3x} - \frac{1}{2}xe^{-3x}$이다.

특이해를 구하는 방법

미분하여 $g(x)$가 나올 수 있는 형태로 특이해 y_p를 구성한다.

(1) $g(x) = x^m$인 경우 다음 함수의 일차결합으로 택한다.

$$1,\ x,\ \cdots,\ x^m$$

(2) $g(x) = x^m e^{kx}$인 경우 다음 함수의 일차결합으로 택한다.

$$e^{kx},\ xe^{kx},\ \cdots,\ x^m e^{kx}$$

(3) $g(x) = x^m e^{\alpha x}\cos\beta x$(또는 $\sin\beta x$)인 경우 다음 함수의 일차결합으로 택한다.

$$e^{\alpha x}\cos\beta x,\ xe^{\alpha x}\cos\beta x,\ \cdots,\ x^m e^{\alpha x}\cos\beta x,\ e^{\alpha x}\sin\beta x,\ xe^{\alpha x}\sin\beta x,\ \cdots,\ x^m e^{\alpha x}\sin\beta x$$

예제 10 $y'' + 5y' + 6y = 4\cos x$의 일반해를 구하라.

풀이 $y_h = c_1e^{-2x} + c_2e^{-3x}$이므로 $y_p = A\cos x + B\sin x$이다. 따라서

$$y_p'' + 5y_p' + 6y_p = (5A + 5B)\cos x + (-5A + 5B)\sin x = 4\cos x$$

이므로 $5A + 5B = 4,\ -5A + 5B = 0$이다. 따라서 $A = B = \frac{2}{5}$이므로 해는

$$y = c_1e^{-2x} + c_2e^{-3x} + \frac{2}{5}\cos x + \frac{2}{5}\sin x$$

이다. ■

$g(x)$가 동차방정식의 해이면 x^r을 곱한다. 여기서 r은 $x^r g(x)$가 동차방정식의 해가 되지 않을 최소의 정수이다.

예제 11 $\omega \geq 0$, $y'' + y = \cos\omega x$, $y(0) = 0$, $y'(0) = 1$의 해를 구하라.

풀이 $y'' + y = 0$의 일반해는 $y_h = c_1\cos x + c_2\sin x$.

$\omega \neq 1$이면 $y_p = A\cos\omega x + B\sin\omega x$,

$\omega = 1$이면 $y_p = x(A\cos\omega x + B\sin\omega x)$를 대입하여 계수를 구한 후 초기치를 대입하면

$$y = \begin{cases} \dfrac{1}{\omega^2 - 1}(\cos x - \cos\omega x) + \sin x, & \omega \neq 1 \\ \dfrac{1}{2}(x+2)\sin x, & \omega = 1 \end{cases}$$

■

문제 4 다음 방정식의 해를 미정계수법으로 구하라.

(1) $2y'' + 5y' - 3y = x$ (2) $y'' - 5y' + 6y = \sin x$

(3) $y'' + 6y' + 9y = e^{-x}$ (4) $y'' - 4y' + 4y = e^{2x}$

$y'' + p(x)y' + q(x)y = f(x)$의 해를 구하기 위하여 y_1, y_2를 $y'' + p(x)y' + q(x)y = 0$의 기본해라고 하자. $y_p = u_1(x)y_1(x) + u_2(x)y_2(x)$를 특이해라고 하고 $u_1'y_1 + u_2'y_2 = 0$이라고 하면

$$y_p' = u_1'y_1 + u_1y_1' + u_2'y_2 + u_2y_2' = u_1y_1' + u_2y_2'$$
$$y_p'' = u_1'y_1' + u_1y_1'' + u_2'y_2' + u_2y_2''$$

이다. 이것을 위 식에 대입하면

$$\begin{aligned} y'' + p(x)y' + q(x)y &= (u_1'y_1' + u_1y_1'' + u_2'y_2' + u_2y_2'') \\ &\quad + p(u_1y_1' + u_2y_2') + q(u_1y_1 + u_2y_2) \\ &= u_1(y_1'' + py_1' + qy) + u_2(y_2'' + py_2' + qy_2) + y_1'u_1' + y_2'u_2' \\ &= y_1'u_1' + y_2'u_2' = f(x) \end{aligned}$$

따라서 다음과 같은 연립방정식을 얻는다.

$$y_1 u_1' + y_2 u_2' = 0,\ \ y_1' u_1' + y_2' u_2' = f(x)$$

이 방정식의 해는

$$u_1' = \frac{W_1}{W},\ u_2' = \frac{W_2}{W}$$

이다. 여기서

$$W = \begin{vmatrix} y_1 & y_2 \\ y_1' & y_2' \end{vmatrix},\ \ W_1 = \begin{vmatrix} 0 & y_2 \\ f(x) & y_2' \end{vmatrix},\ \ W_2 = \begin{vmatrix} y_1 & 0 \\ y_1' & f(x) \end{vmatrix}$$

이다. 적분하여 u_1, u_2를 구하면 특이해는 $y_p = u_1(x)y_1(x) + u_2(x)y_2(x)$가 된다. 이와 같이 구하는 방법을 **변수변환법(Variation of Parameters)**이라 한다.

예제 12 $y'' - 4y' + 4y = (x+1)e^{2x}$

풀이 $m^2 - 4m + 4 = (m-2)^2 = 0$이므로 $y_h = c_1 e^{2x} + c_2 x e^{2x}$이다. $y_1 = e^{2x}$, $y_2 = xe^{2x}$라 놓으면

$$W = \begin{vmatrix} e^{2x} & xe^{2x} \\ 2e^{2x} & 2xe^{2x} + e^{2x} \end{vmatrix} = e^{4x},$$

$$W_1 = \begin{vmatrix} 0 & xe^{2x} \\ (x+1)e^{2x} & 2xe^{2x} + e^{2x} \end{vmatrix} = -(x+1)xe^{4x},$$

$$W_2 = \begin{vmatrix} e^{2x} & 0 \\ 2e^{2x} & (x+1)e^{2x} \end{vmatrix} = (x+1)e^{4x}$$

이므로 $u_1' = -x^2 - x$, $u_2' = x + 1$이다. $u_1 = -\frac{x^3}{3} - \frac{x^2}{2}$, $u_2 = \frac{x^2}{2} + x$이므로

$$y_p = \left(-\frac{x^3}{3} - \frac{x^2}{2}\right)e^{2x} + \left(\frac{x^2}{2} + x\right)xe^{2x} = \left(\frac{x^3}{6} + \frac{x^2}{2}\right)e^{2x}$$

이고, 따라서 일반해는

$$y = y_h + y_p = c_1 e^{2x} + c_2 x e^{2x} + \left(\frac{x^3}{6} + \frac{x^2}{2}\right)e^{2x}$$ ■

문제 5 다음 방정식의 해를 변수변환법으로 구하라.

(1) $2y'' + 5y' - 3y = x$ (2) $y'' + y = \cos^2 x$

(3) $y'' + 6y' + 9y = e^{-x}$ (4) $y'' - 7y' + 10y = e^{3x}$

제6장 연습문제

1. 다음 방정식의 해를 구하라.

(1) $2y'' + 5y' - 3y = 0$ (2) $y'' - 5y' + 6y = 0$

(3) $9y'' + y' = 0$ (4) $y'' - 9y = 0$

(5) $y'' + y' - 6y = 0$ (6) $y'' + 3y' - 4y = 0$

2. 다음 방정식의 해를 구하라.

(1) $y'' - 2y' + y = 0$ (2) $y'' - 8y = 0$

(3) $y'' + 4y' + 4y = 0$ (4) $y'' - 6y' + 9y = 0$

(5) $4y'' - y = 0$ (6) $4y'' - 12y' + 9y = 0$

3. 다음 방정식의 해를 구하라.

(1) $y'' + 16y = 0$ (2) $y'' - 4y' + 10y = 0$

(3) $2y'' + 2y' + y = 0$ (4) $y'' + 2y' + 5y = 0$

4. 다음 고차방정식의 해를 구하라.

(1) $y''' - y = 0$ (2) $y''' - y'' - 4y = 0$

(3) $y^{(5)} - 16y' = 0$ (4) $y^{(4)} - 2y'' + y = 0$

(5) $y^{(4)} - 25y = 0$ (6) $y''' + 2y'' - 15y' - 36y = 0$

5. 다음 초기치 방정식의 해를 구하라.

(1) $y'' + 6y' + 5y = 0$, $y(0) = 0$, $y'(0) = 3$

(2) $y'' + 16y = 0$, $y(0) = 2$, $y'(0) = -2$

(3) $2y'' - 2y' + y = 0$, $y(0) = -1$, $y'(0) = 0$

(4) $y''' - 8y = 0$, $y(0) = 0$, $y'(0) = -1$, $y''(0) = 0$

6. 다음 방정식의 해를 미정계수법으로 구하라.

(1) $y'' - 64y = 16$, $y(0) = 1$, $y'(0) = 0$

(2) $y'' + y' + y = x^2$, $y(0) = 0$, $y'(0) = 1$

(3) $y'' + 3y' = 8$, $y(0) = 0$, $y'(0) = 3$

(4) $y'' + y = \cos x$, $y(0) = 1$, $y'(0) = 0$

(5) $y'' + 4y' = \frac{17}{4}\cos x$, $y(0) = \frac{1}{4}$, $y'(0) = 5$

(6) $y'' + y = 8\cos 2x - 4\sin x$, $y(\pi/2) = -1$, $y'(\pi/2) = 0$

7. 다음 방정식의 해를 변수변환법으로 구하라.

(1) $4y'' + 36y = \csc 3x$

(2) $y'' + y = \sin x$

(3) $y'' + 2y' + y = e^{-x}\ln x$

(4) $y'' + 4y = \sin 2x$, $y(0) = 0$, $y'(0) = 1$

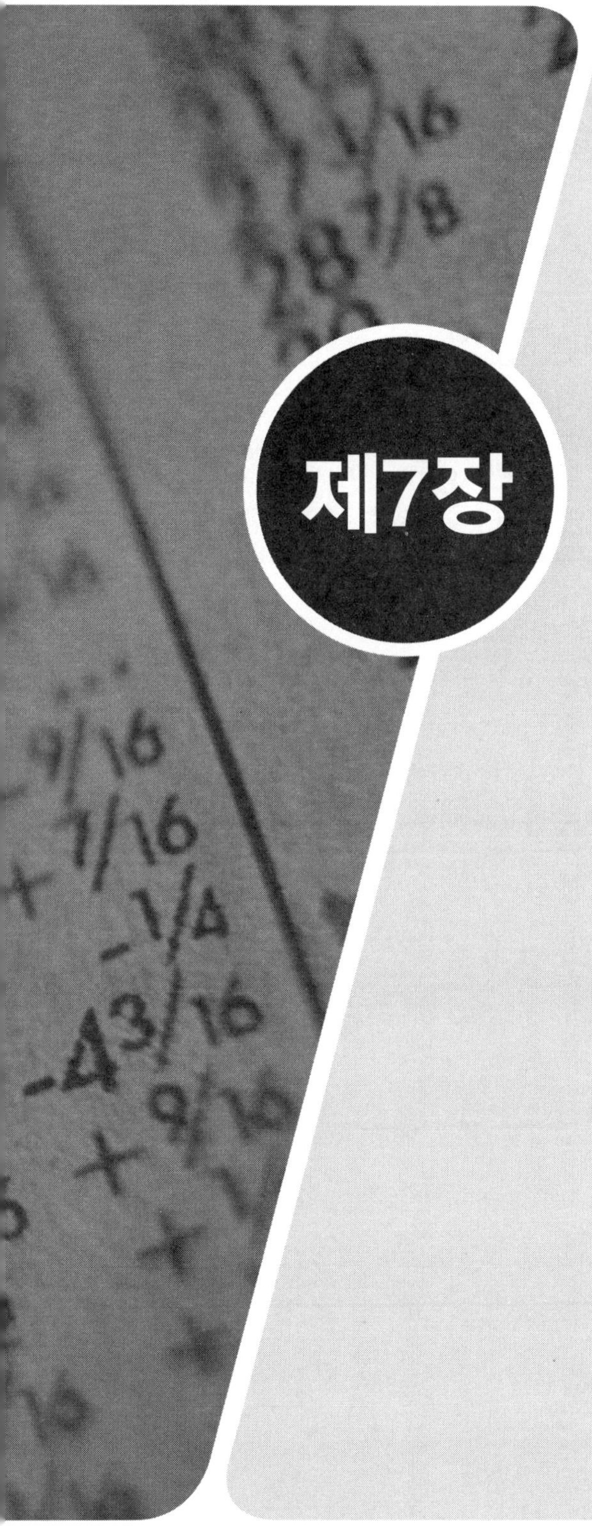

제7장 용수철 운동과 공진현상

2011년 7월 서울 구의동에서는 39층짜리 테크노마트 건물 고층이 흔들리는 현상이 몇 번 일어났다. 조사 결과 12층에 있는 운동시설에서 태권도와 권투, 그리고 에어로빅을 함께 운동해서 그러한 현상이 벌어졌을 가능성이 높다고 했다. 1931년에는 영국에서 군대가 발을 맞춰 다리를 건너가다가 갑자기 다리가 무너지는 일도 있었다. 1940년에 완공된 미국 워싱톤 주에 있는 타코마 내로우 다리(Tacoma Narrows Bridge)는 초속 53m의 강풍에도 견딜 수 있게 설계됐다. 그러나 4개월이 지난 어느 날 초속 19m의 약한 바람에 아래 그림과 같이 갑자기 붕괴되었다.

[그림 7.1]

1985년에 일어난 멕시코 지진 때는 멕시코시티의 14층 이상 25층 높이의 건물들이 가장 먼저 무너졌다. 2000년에 개통한 런던의 밀레니엄 다리는 개통식에 참석한 수천 명이 다리 위에서 발을 맞추자 심하게 흔들려 통제불능의 상태에 빠졌었다. 왜 이러한 일들이 일어났는지 2차 미분방정식을 이용하여 설명하고자 한다.

생각해 보기

(1) 발을 맞춰 갔는데 왜 다리가 무너지고 흔들렸을까?
(2) 운동을 했는데 왜 건물이 흔들렸을까?
(3) 바람 부는 날 다리는 왜 무너졌을까?
(4) 다리 난간의 움직임과 용수철 운동과 관계가 있을까?

7.1 수학적 모델

생각해 보기

용수철은 외부 힘에 따라 어떻게 움직일까?

용수철이나 고무줄을 적당히 잡아당긴 후 놓으면 제자리로 돌아간다. 이와 같이 되돌아가려는 힘은 훅의 법칙에 의하여 설명할 수 있다.

훅의 법칙

되돌아오는 힘 F는 늘어난 반대방향으로 작용하며 늘어난 양 s에 비례한다. 즉

$$F = ks$$

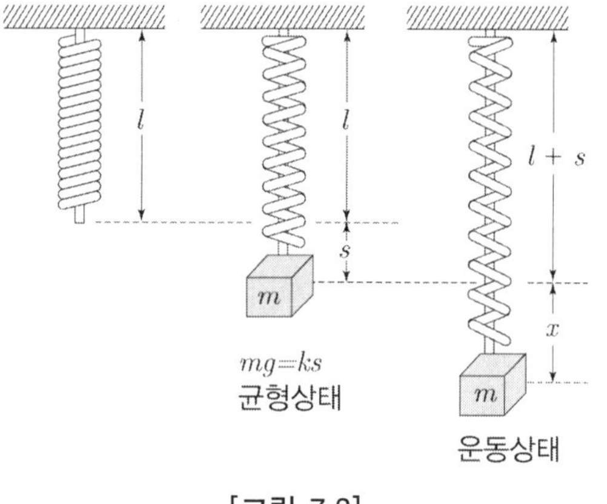

[그림 7.2]

위 그림에서 추의 질량을 m이라고 하자. 그러면 무게는 질량에 중력가속도를 곱한 것으로 $W = mg$가 된다. 따라서 흔히 말하는 무게는 중을 붙여야 하나 편의상 중을 생략하고 있다. 즉 내 몸무게가 70kg이라는 것은 정확히 말하면 70kg중이라고 해야 한다.

용수철에 추를 달면 추의 무게만큼 힘이 가해지므로 용수철이 아래로 늘어나게 되고 추가 움직이지 않는 균형상태가 된다. 이 용수철에 힘을 가하면 용수철은 운동을 하게 된다.

뉴턴의 운동 제2법칙에 따르면 힘은 질량 m인 물체가 가속도 a로 움직이면 그 물체에 적용되는 힘은 질량에 가속도를 곱한 $F = ma$가 된다. s를 추의 무게로 인해 늘어난 용수철의 길이라 하고, x는 추가 움직인 길이라 하자. $mg = ks$이므로 당긴 추를 놓으면 다음과 같은 방정식을 얻는다.

$$
\begin{aligned}
m\frac{d^2x}{dt^2} &= -k(s+x) + mg - \beta\frac{dx}{dt} + f(t) \\
&= -kx - \beta\frac{dx}{dt} + f(t)
\end{aligned}
$$

여기서 $\beta \geq 0$는 제동상수(damping constant)로 추의 움직임을 방해하는 추의 주변 환경을 말하며 $f(t)$는 외부에서 추에 작용하는 힘이다.

$F(t) = \dfrac{f(t)}{m}$, $2\lambda = \dfrac{\beta}{m}$, $\omega^2 = \dfrac{k}{m}$로 놓으면 용수철 운동의 수학적 모델은 다음과 같다.

$$
\frac{d^2x}{dt^2} + 2\lambda\frac{dx}{dt} + \omega^2 x = F(t)
$$

처음 추의 위치를 a, 추의 초기 속도를 b라고 하면 다음과 같은 초기치 방정식이 된다.

$$
\frac{d^2x}{dt^2} + 2\lambda\frac{dx}{dt} + \omega^2 x = F(t),\ x(0) = a,\ x'(0) = b
$$

따라서 이 방정식의 해는 단 하나하며, 이 해를 구하면 시간에 따른 용수철의 움직임을 알 수 있다. 균형상태에서 추의 위치를 0으로 보고 아래로 움직인 거리를 양수, 위로 움직인 거리를 음수로 본다.

$a = b = 0$이면 추의 변화가 없는 상태이고, $a > 0,\ b > 0$이면 균형상태 아래에서 순간적으로 아래 방향으로 추에 힘을 가하는 것이고, $a > 0,\ b < 0$이면 균형점 아래에서 위 방향으로 추에 힘을 가하는 것이다. $a > 0,\ b = 0$이면 추를 a만큼 아래로 잡아당긴 후 어떠한 힘도 가하지 않고 가만히 놓는 것이다. 제어상수와 외부의 힘, 그리고 초기치에 따라 달라지는 용수철 운동의 변화에 대하여 알아보자.

7.2 방해 없이 자유롭게 추가 움직이는 경우

생각해 보기

추가 운동하는 공간에서 공기마찰처럼 추를 멈추게 하는 힘이 전혀 없고, 외부에서 작용하는 힘도 없으면 추는 어떠한 운동을 할까?

추가 운동하는 공간에서 공기마찰처럼 추를 멈추게 하는 힘이 없고 외부에서 작용하는 힘도 없는, 즉 아무런 방해 없이 자유롭게 추가 움직이는 경우(free undamped motion)를 살펴보자. $\beta=0$, $f(t)=0$이므로 $F(t)=\lambda=0$이 되어 용수철의 운동방정식은 다음과 같이 된다. 편의상 a는 양수라고 하자. 즉 용수철을 아래로 잡아당긴 것이다.

$$\frac{d^2x}{dt^2}+\omega^2x=0,\ \ x(0)=a,\ \ x'(0)=b$$

이 방정식의 특성방정식이 $m^2+\omega^2=0$이므로 $m=\pm\omega i$가 되어 일반해는

$$x(t)=c_1\cos\omega t+c_2\sin\omega t$$

가 된다. 초기조건을 대입하면 해는

$$x(t)=a\cos\omega t+\frac{b}{\omega}\sin\omega t$$

이다. $\alpha\cos\omega t+\beta\sin\omega t=\sqrt{\alpha^2+\beta^2}\sin(\omega t+\phi)$, $\tan\phi=\dfrac{\alpha}{\beta}$이므로 해는 다음과 같다.

$$x(t)=\sqrt{a^2+\frac{b^2}{\omega^2}}\sin(\omega t+\phi),\ \text{단}\ \tan\phi=\frac{a}{b}\omega$$

이 함수는 진폭이 $\sqrt{a^2+\dfrac{b^2}{\omega^2}}$이고 주기가 $\dfrac{2\pi}{\omega}$인 주기함수이다. 따라서 용수철은 끝없이 주기적으로 똑같은 진폭을 가진 진동운동을 한다.

예제 1 $\omega=4$, $a=10$, $b=0$인 경우 이 용수철의 움직임은 $x(t)=10\cos 4t$와 같고 다음과 같이 움직인다.

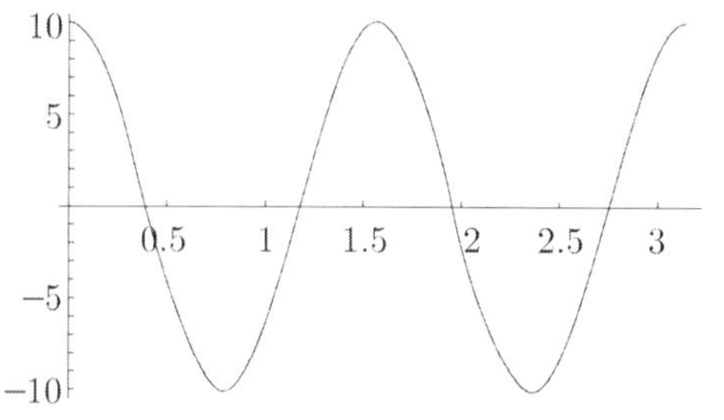

[그림 7.3] ■

7.3 외부 힘은 없고 추의 움직임을 방해하는 경우

생각해 보기

추가 운동하는 공간에서 추의 움직임을 방해하는 힘은 있으나 외부 힘은 없는 경우 추는 어떠한 운동을 할까?

추가 운동하는 공간에서 공기마찰처럼 추의 움직임을 방해하는 힘($\beta > 0$)이 있고, 외부에서 작용하는 힘은 없다고 하자(free damped motion).

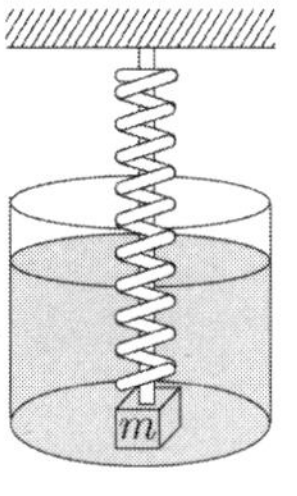

[그림 7.4]

$f(t) = 0$이므로 $F(t) = 0$이 되어 용수철의 운동방정식은 다음과 같이 된다.

$$\frac{d^2x}{dt^2} + 2\lambda\frac{dx}{dt} + \omega^2 x = 0,\ x(0) = a,\ x'(0) = b$$

이 방정식의 특성방정식이 $m^2 + 2\lambda m + \omega^2 = 0$이므로 $m = -\lambda \pm \sqrt{\lambda^2 - \omega^2}$이 되어 λ와 ω의 크기에 따라서 해가 결정된다.

$\lambda^2 - \omega^2 > 0$이라고 하자. $2\lambda = \dfrac{\beta}{m}$, $\omega^2 = \dfrac{k}{m}$이므로 $\beta^2 > 4mk$이다. 즉 추의 움직임을 방해하는 제어상수가 용수철의 탄성계수에 비하여 상대적으로 큰 것으로, 추가 매우 끈적끈적한 액체 속에서 운동하는 경우이다(overdamped). 이 경우 보조방정식의 근은 서로 다른 두 실수가 되어 해는 다음과 같다.

$$x(t) = e^{-\lambda t}\left(c_1 e^{\sqrt{\lambda^2 - \omega^2}\,t} + c_2 e^{-\sqrt{\lambda^2 - \omega^2}\,t}\right)$$

이 해는 매끄러우나 진동하지 않는다. 해가 균형상태에 도달한다면 $t=\frac{\ln\sqrt{-c_2/c_1}}{\sqrt{\lambda^2-w^2}}$ 일 때 단 한번이다. $t>0$이어야 하므로 $\frac{c_2}{c_1}<-1$ 또는 $c_1+c_2<0$일 때 가능하다. 그러나 이것은 불가능하다. 그러므로 추는 균형상태를 통과하지 못하고 단지 가까이 갈 뿐이다.

예제 2 $m=1$, $k=4$, $\beta=5$, $a=1$, $b=1$이면 이 용수철의 움직임은 $x(t)=\frac{5}{3}e^{-t}-\frac{2}{3}e^{-4t}$가 되고 그래프는 다음과 같다.

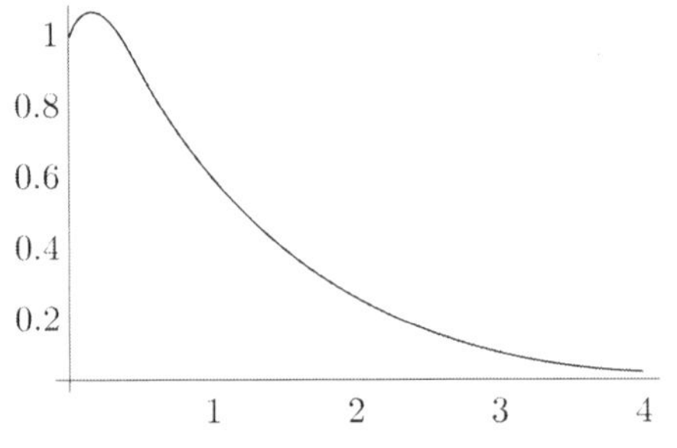

[그림 7.5] ■

문제 1 (1) $\lambda^2-\omega^2>0$인 경우 초기조건 $x(0)=a$, $x'(0)=b$를 만족하는 c_1과 c_2를 구하라.

(2) 해가 균형상태가 되는 경우는 $t=\frac{\ln\sqrt{-c_2/c_1}}{\sqrt{\lambda^2-w^2}}$ 일 때이나, $t>0$가 될 수 없음을 보여 추가 균형상태를 통과하지 못함을 보여라.

$\lambda^2-\omega^2=0$이라고 하자. 그러면 $\beta^2=4mk$로 추가 용수철의 탄성계수와 비슷한 제어 상수를 갖는 끈적끈적한 액체 속에서 운동하는 경우이다(critically damped). 특성방정식의 근은 $m=-\lambda$로 중근이므로 해는 다음과 같다.

$$x(t)=e^{-\lambda t}(c_1+c_2t)$$

초기조건을 대입하면 $c_1=a$, $c_2=b+\lambda a$가 된다. 이 해의 균형상태는

$$t=-\frac{c_1}{c_2}=-\frac{a}{b+\lambda a}>0$$

일 때 단 한 번 온다. $a>0$이면 $b<-\lambda a$일 때 그러한 t가 존재한다. 즉 처음에 추를

잡아당겼다면 반대 방향으로 힘껏 올려 밀어야 균형상태를 겨우 한 번 넘기며 다시 균형상태로 가까이 간다.

예제 3 $m=1,\ k=4,\ \beta=4,\ a=1,\ b=-4$이면 이 용수철의 움직임은 $x(t)=e^{-2t}(1-2t)$가 되고 그래프는 다음과 같다.

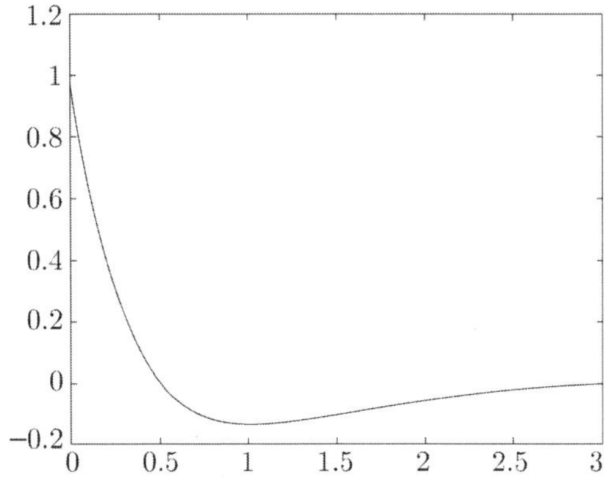

[그림 7.6] ■

문제 2 (1) $\lambda^2-\omega^2=0$인 경우 $x(0)=a,\ x'(0)=b$를 대입하여 c_1과 c_2를 구하라.

(2) 이 해의 균형상태는 $t=-\dfrac{c_1}{c_2}=-\dfrac{a}{b+\lambda a}>0$일 때 단 한 번 올 수 있음을 보여라.

$\lambda^2-\omega^2<0$인 경우는 $\beta^2<4mk$이 되어 추가 상대적으로 용수철의 탄성계수보다 작은 제어상수를 갖는 공간에서 운동하는 경우이다(underdamped). 제어상수가 탄성계수보다 작은 경우로 공기마찰을 생각하면 된다. 이 경우 보조방정식의 근은 복소수가 되어 해는 다음과 같다.

$$x(t)=e^{-\lambda t}(c_1\cos\sqrt{\omega^2-\lambda^2}\,t+c_2\sin\sqrt{\omega^2-\lambda^2}\,t)$$
$$=\sqrt{c_1^2+c_2^2}\,e^{-\lambda t}\sin(\sqrt{\omega^2-\lambda^2}\,t+\phi),\ \tan\phi=\frac{c_1}{c_2}$$

이 해는 주기함수이나 진폭이 일정하지 않다. 즉 용수철의 움직임은 진폭의 크기가 점차 0으로 가면서 주기적으로 진동한다.

예제 4 $m=1,\ k=26,\ \beta=2,\ a=3,\ b=16$이면 $x(t)=e^{-t}(3\cos 5t+4\sin 5t)$이다. 따라서 이 용수철의 움직임은 다음 그래프와 같다.

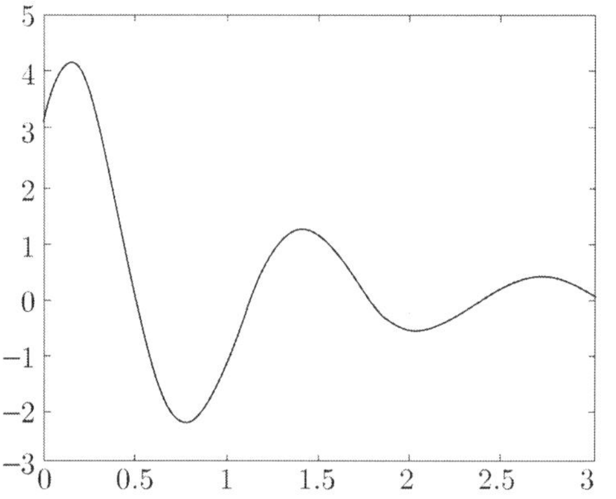

[그림 7.7]

■

문제 3 (1) $\lambda^2-\omega^2<0$인 경우 초기조건 $x(0)=a,\ x'(0)=b$를 만족하는 c_1과 c_2를 구하라.

(2) (1)에서 구한 해의 그래프를 보고 초기조건에 따른 추의 움직임을 설명하라.

7.4 추의 움직임을 방해하고 외부의 힘도 있는 경우

생각해 보기

추가 운동하는 공간에서 공기마찰처럼 추를 멈추게 하는 힘이 있고, 외부에서 작용하는 힘도 있으면 추는 어떠한 운동을 할까?

추가 운동하는 공간에 차있는 공기나 물 같은 물질이 추의 움직임을 방해하고 외부에서 추에 작용하는 힘도 있다고 하자(forced damped motion). 이 움직임을 나타내는 미분방정식은 다음과 같다.

$$\frac{d^2x}{dt^2}+2\lambda\frac{dx}{dt}+\omega^2x=F(t)$$

이 방정식의 해는 7.3절에서 구한 동차방정식 $\frac{d^2x}{dt^2}+2\lambda\frac{dx}{dt}+\omega^2x=0$의 해 x_h와 특이해 x_p의 합으로 이루어진다.

$$x(t)=x_h+x_p$$

예제 4 $\lambda=1$, $w^2=2$, $F(t)=4\cos t+2\sin t$, $a=0$, $b=3$일 때 해를 구하라.

풀이 $\lambda=1$, $w^2=2$이므로 $x_h(t)=e^{-t}(c_1\cos t+c_2\sin t)$이다. $x_p=A\cos t+B\sin t$라 하면 $x_p{}'=-A\sin t+B\cos t$, $x_p{}''=-A\cos t-B\sin t$이다.

$$x_p{}''+2x_p{}'+2x_p=(A+2B)\cos t+(B-2A)\sin t=4\cos t+2\sin t$$

이므로 $A=0$, $B=2$이다. 따라서 $x(t)=e^{-t}(c_1\cos t+c_2\sin t)+2\sin t$이다. 초기조건을 대입하면 $x(t)=e^{-t}\sin t+2\sin t$가 되고 그래프는 다음과 같다.

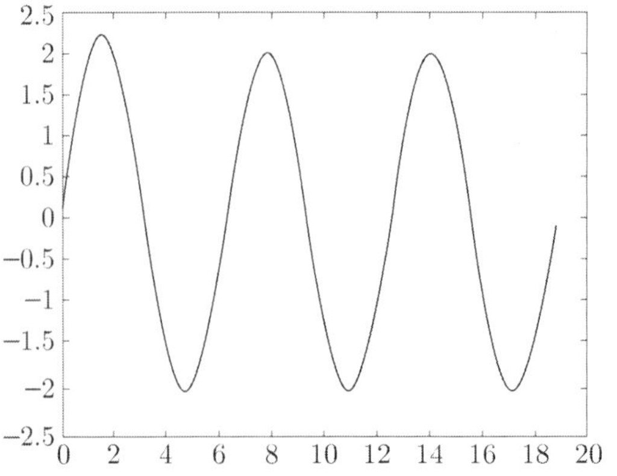

[그림 7.8]

■

7.5 외부의 힘만 있는 경우

생각해 보기

추의 움직임을 방해하는 것은 없고 외부 힘만 주기적으로 있는 경우

추가 운동하는 공간에 추의 움직임을 방해하는 아무런 물질도 없으나 외부에서 추에 작용하는 힘은 있다고 하자(forced undamped motion). 이 경우 추의 운동은 다음과 같이 표현된다.

$$\frac{d^2x}{dt^2} + \omega^2 x = F(t)$$

이 방정식의 해는 7.2절의 동차방정식 $\frac{d^2x}{dt^2} + \omega^2 x = 0$의 해 x_h와 비동차방정식의 특이해 x_p의 합으로 이루어진다.

$$x(t) = x_h + x_p$$

외부의 힘이 주기적으로 움직이는 $F(t) = F_0 \sin\gamma t$, $x(0) = 0$, $x'(0) = 0$인 경우를 살펴보자. 동차방정식의 일반해가 $x_h(t) = c_1 \cos\omega t + c_2 \sin\omega t$이므로 $\gamma \neq \omega$이면 비동차방정식의 특이해는 $x(t) = \frac{\sin\gamma t}{\omega^2 - \gamma^2}$이다. 따라서 초기조건을 만족하는 해는

$$x(t) = \frac{F_0}{\omega(\omega^2 - \gamma^2)}(-\gamma \sin\omega t + \omega \sin\gamma t), \ \gamma \neq \omega$$

이다. $\gamma = \omega$이면 비동차방정식의 특이해는 $x(t) = -\frac{F_0}{2\omega} t \cos\omega t$이므로 해는 다음과 같다.

$$x(t) = \frac{F_0}{2\omega^2} \sin\omega t - \frac{F_0}{2\omega} t \cos\omega t$$

이 경우 $t_n = \frac{n\pi}{\omega}$, $n = 1, 2, \cdots$에서 $x(t_n) = (-1)^{n+1} \frac{F_0}{2\omega} t_n$이 되어 $|x(t_n)| \to \infty$이 된다. 즉 시간이 지날수록 진폭이 점점 커지게 되어 결과적으로 용수철이 끊어진다. 이

러한 일을 공진현상(resonance)이라고 한다. $\omega^2=\pi$, $F=\sin\omega t$인 경우 용수철의 운동은 다음과 같다.

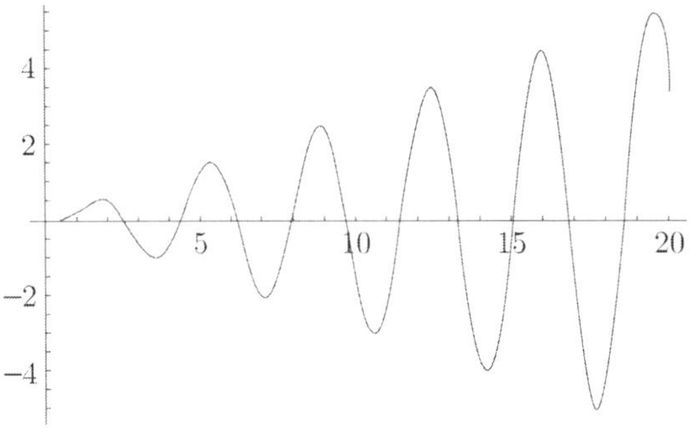

[그림 7.9]

$\gamma\neq\omega$일지라도 내부의 진동을 나타내는 변수 ω와 외부에서 주는 진동 γ가 비슷하면 공진현상이 일어날 수 있다. 왜냐하면

$$\lim_{\gamma\to\omega}F_0\frac{-\gamma\sin\omega t+\omega\sin\gamma t}{\omega(\omega^2-\gamma^2)}=\frac{F_0}{2\omega^2}\sin\omega t-\frac{F_0}{2\omega}t\cos\omega t$$

이므로 시간이 충분히 지나면($t\to\infty$) 진폭이 커지므로 다리가 붕괴될 수 있다.

테크노마트 건물이 흔들린 것도 여러 명이 함께 여러 운동을 할 때 생긴 진동수와 건물 고유의 진동수가 순간 일치해서 증폭이 되어 발생했다고 설명할 수 있다. 군대가 발을 맞추어 다리를 건널 때 생긴 진동수가 다리 고유의 진동수와 일하면 역시 다리가 붕괴될 수 있다. 그러므로 다리를 건널 때는 발을 맞추어 가는 것보다는 편한 자세로 가는 것이 좋다. 타코마 내로우 다리 역시 산들바람임에도 주기적으로 불어와 진폭이 커져 무너졌다. 그러므로 설계상의 문제도 시공상의 문제도 아님이 밝혀졌다. 지진이 났을 때 멕시코시티의 고층건물의 고유진동수가 공교롭게 지진파의 진동수와 비슷하여 공진현상이 일어 먼저 무너졌을 수 있다.

이처럼 공진현상은 우리에게 재앙을 초래하기도 하지만 한편 유용하기도 하다. 공진현상과 비슷한 공명현상을 이용하여 방송국의 고유주파수와 일치하는 주파수를 선택해 방송을 수신할 수 있다. 파장 1.2cm의 마이크로파를 방출하면 음식물의 물 분자가 공진현상으로 맹렬히 진동해 열에너지를 만든다. 이 원리를 이용하여 전자레인지를 만들어 음식물을 데울 수 있다. 또한 병원에서 사용하는 자기공명영상촬영(MRI)도 공진현상을 응용한 기기이다.

문제 4 (1) $\gamma \neq \omega$ 인 경우 비동차방정식의 특이해를 구하라.

(2) 주위의 반복적인 소리 때문에 유리잔이 깨졌다. 그 원인을 설명할 수 있는가?

(3) $\gamma = \omega$ 인 경우 비동차방정식의 특이해를 구하라.

(4) 군인들이 발맞추어 행진하다가 매우 높고 긴 다리 앞에서는 편히쉬어 자세로 다리를 건넜다. 건넌 후에는 다시 발맞추어 행진하였다. 그 이유를 설명할 수 있을까?

(5) $F(t) = F_0 \cos \gamma t$ 또는 $F_0 \cos \omega t$ 일 때 해를 구하라.

(6) $\lim_{\gamma \to \omega} F_0 \frac{-\gamma \sin \omega t + \omega \sin \gamma t}{\omega(\omega^2 - \gamma^2)} = \frac{F_0}{2\omega^2} \sin \omega t - \frac{F_0}{2\omega} t \cos \omega t$ 임을 보여라.

(7) 학생이 매일 부모에게 공부하라는 소리를 들으면 어떤 반응이 나올 수 있을지 공진현상을 응용하여 설명해 보라.

제8장 라플라스 변환

이 장에서는 미분방정식의 해를 구하기 위해 미분방정식을 다항방정식으로 변환한다. 이를 도와주는 변환이 라플라스 변환이다. 변환된 다항방정식의 해를 구한 다음 그 해를 다시 역라플라스 변환하면 미분방정식의 해를 얻을 수 있다. 다항방정식의 해는 인수분해나 조립제법, 그리고 근의 공식에 의하여 구할 수 있다.

8.1 라플라스 변환이란?

생각해 보기

미분방정식의 해를 어떻게 하면 다항방정식으로 변환할 수 있을까?

정의 8.1 $[0, \infty)$에서 정의된 함수 $f(t)$의 **라플라스(Laplace) 변환** $L[f(t)]$를 다음과 같이 정의한다.

$$L[f(t)] = \int_0^\infty e^{-st} f(t)dt$$

함수의 라플라스 변환 $L[f(t)]$에는 변수 s가 들어 있어 라플라스 변환 역시 함수가 된다. $f(t)$의 라플라스 변환 $L[f(t)] = F(s)$로 흔히 사용한다.

예제 1 $f(t) = 1$일 때 $F(s)$를 구하라.

풀이 $F(s) = \int_0^\infty e^{-st} \cdot 1dt = -\frac{e^{-st}}{s} \Big|_0^\infty = \frac{1}{s}$, 단 $s > 0$ ■

예제 2 $f(t) = t$일 때 $F(s)$를 구하라.

풀이
$$\begin{aligned} F(s) &= \int_0^\infty e^{-st} \cdot t\,dt \\ &= -\frac{1}{s}\int_0^\infty td(e^{-st}) \end{aligned}$$

$$=-\frac{1}{s}[te^{-st}|_0^\infty - \int_0^\infty e^{-st}\,dt]$$

$$=-\frac{1}{s}\left[te^{-st}+\frac{e^{-st}}{s}\right]\Big|_0^\infty = \frac{1}{s^2},\ s>0$$ ■

예제 3 $f(t)=e^{at}$일 때 $F(s)$를 구하라.

풀이 $F(s)=\int_0^\infty e^{-st}\cdot e^{at}dt=\int_0^\infty e^{-(s-a)t}dt=-\frac{e^{-(s-a)t}}{s-a}\Big|_0^\infty=\frac{1}{s-a}$,

단 $s>0$ ■

예제 4 $f(t)=\sin t$일 때 $F(s)$를 구하라.

풀이 $F(s)=\int_0^\infty e^{-st}\cdot \sin t\,dt$이다.

여기서

$$\int e^{-st}\sin t dt=-\int e^{-st}d(\cos t)=-e^{-st}\cos t-s\int e^{-st}\cos t dt$$
$$=-e^{-st}\cos t-s\int e^{-st}d(\sin t)$$
$$=-e^{-st}\cos t-s(e^{-st}\sin t+s\int e^{-st}\sin t dt)$$
$$=-e^{-st}\cos t-se^{-st}\sin t-s^2\int e^{-st}\sin t dt$$

이고, $(s^2+1)\int e^{-st}\sin t dt=-e^{-st}(\cos t+s\sin t)$이므로

$$\int e^{-st}\sin t dt=-\frac{e^{-st}}{s^2+1}(\cos t+s\sin t)$$

이다. 그러므로

$$F(s)=-\frac{1}{s^2+1}[e^{-st}(s\sin t+\cos t)]|_0^\infty=\frac{1}{s^2+1},\ s>0$$ ■

이상적분 $\int_0^\infty e^{-st}f(t)dt$의 값이 존재해야만 $f(t)$의 라플라스 변환을 구할 수 있다. 따라서 $f(t)=\tan t$와 같은 함수는 라플라스 변환을 구할 수 없다.

문제 1 정의를 이용하여 다음 함수의 라플라스 변환을 구하라.

(1) $f(t)=e^{-t}$ (2) $f(t)=e^{2t}$

(3) $f(t)=t^2$ (4) $f(t)=\cos t$

라플라스 변환 $L[f(t)]$는 다음과 같이 선형의 성질을 갖고 있다.

정리 8.2 상수 a, b에 대하여

$$L[af(t)+bg(t)]=aL[f(t)]+bL[g(t)].$$

증명
$$\begin{aligned} L[af(t)+bg(t)] &= \int_0^\infty e^{-st}(af(t)+bg(t))dt \\ &= a\int_0^\infty e^{-st}f(t)dt+b\int_0^\infty e^{-st}g(t))dt \\ &= aL[f(t)]+bL[g(t)] \end{aligned}$$
□

예제 5 정리 8.2를 이용하여 $f(t)=3-2e^{-t}$의 라플라스 변환을 구하라.

풀이
$$\begin{aligned} L[3-2e^{-t}] &= 3L[1]-2L[e^{-t}] \\ &= 3\frac{1}{s}-2\left(\frac{1}{s-(-1)}\right)=\frac{3}{s}-\frac{2}{s+1} \end{aligned}$$
■

오일러 공식

$e^{i\theta}=\cos\theta+i\sin\theta$, $e^{-i\theta}=\cos\theta-i\sin\theta$에 의하면 다음 결과를 얻는다.

$$\cos\theta=\frac{1}{2}(e^{i\theta}+e^{-i\theta}),\ \sin\theta=\frac{1}{2i}(e^{i\theta}-e^{-i\theta})$$

예제 6 오일러 공식을 이용하여 $\cos kt$, $\sin kt$의 라플라스 변환을 구하라.

풀이
$$\begin{aligned} L[\cos kt] &= L\left[\frac{1}{2}(e^{ikt}+e^{-ikt})\right]=\frac{1}{2}(L[e^{ikt}]+L[e^{-ikt}]) \\ &= \frac{1}{2}\left[\frac{1}{s-ik}+\frac{1}{s+ik}\right]=\frac{s}{s^2+k^2},\ s>0 \end{aligned}$$

$$L[\sin kt]=L\left[\frac{1}{2i}(e^{ikt}-e^{-ikt})\right]=\frac{1}{2i}(L[e^{ikt}]-L[e^{-ikt}])$$

$$= \frac{1}{2i}\left[\frac{1}{s-ik} - \frac{1}{s+ik}\right] = \frac{k}{s^2+k^2},\ s>0$$ ■

예제 7 다음 함수의 라플라스 변환을 구하라.

$$f(t) = \begin{cases} -1, & 0 \le t \le 2 \\ 1, & t > 2 \end{cases}$$

풀이 $L[f(t)] = \int_0^\infty e^{-st} f(t)dt = \int_0^2 -e^{-st}dt + \int_2^\infty e^{-st}dt$

$$= \frac{e^{-st}}{s}\Big|_0^2 - \frac{e^{-st}}{s}\Big|_2^\infty = \frac{1}{s}(2e^{-2s}-1),\ s>0$$ ■

문제 2 다음 함수의 라플라스 변환을 구하라.

(1) $g(t) = \cos 2t + 3\sin 3t$

(2) $f(t) = 3\cos 5t - 5\sin 3t$

(3) $k(t) = \begin{cases} t, & 0 \le t \le 2 \\ 2, & t > 2 \end{cases}$

(4) $h(t) = \begin{cases} 3, & 0 \le t \le 2 \\ 0, & t > 2 \end{cases}$

정리 8.3 $L[e^{at}f(t)] = F(s-a)$

증명 $L[e^{at}f(t)] = \int_0^\infty e^{-st}e^{at}f(t)dt = \int_0^\infty e^{-(s-a)t}f(t)dt = F(s-a)$ □

예제 8 $L[e^{-2t}\cos t]$를 구하라.

풀이 $F(s) = L[\cos t] = \frac{s}{s^2+1}$, $a=-2$이므로 s 대신 $s-(-2)$를 대입하면

$$L[e^{-2t}\cos t] = \frac{s+2}{(s+2)^2+1} = \frac{s+2}{s^2+4s+5}$$ ■

문제 3 다음 함수의 라플라스 변환을 구하라.

(1) $L[e^{-t}\sin t]$

(2) $L[e^{3t}\cos 2t]$

(3) $L[t^2e^{-t}]$

(4) $L[t^3e^{2t}]$

도함수의 라플라스 변환은 다음과 같다.

정리 8.4 $L[f'(t)] = sF(s) - f(0)$

증명 $L[f'(t)] = \int_0^\infty e^{-st} f'(t)dt$

$$= e^{-st}f(t) \mid_0^\infty + s\int_0^\infty e^{-st}f(t)dt = sF(s) - f(0) \qquad \square$$

정리 8.4를 이용하면 $L[\sin t] = \dfrac{1}{s^2+1}$이고 $(\sin t)' = \cos t$이므로

$$L[\cos t] = s\frac{1}{s^2+1} - \sin 0 = \frac{s}{s^2+1}$$

를 얻는다.

따름정리 8.5 $L[f^{(n)}(t)] = s^n F(s) - s^{n-1}f(0) - \cdots - sf^{(n-2)}(0) - f^{(n-1)}(0)$

정리 8.6 $L[t^n f(t)] = (-1)^n \dfrac{d^n F}{ds^n}(s)$

증명

$$\frac{dF}{ds}(s) = \frac{d}{ds}\int_0^\infty e^{-st}f(t)dt = \int_0^\infty \frac{d}{ds}e^{-st}f(t)dt$$
$$= \int_0^\infty -te^{-st}f(t)dt = -L[tf(t)]$$

따라서 $L[tf(t)] = -\dfrac{dF}{ds}(s)$이다.

$$\frac{d^2F}{ds^2}(s) = \int_0^\infty \frac{d^2}{ds^2}e^{-st}f(t)dt$$
$$= \int_0^\infty t^2 e^{-st}f(t)dt = L[t^2 f(t)]$$

따라서 $L[t^2 f(t)] = \dfrac{d^2F}{ds^2}(s)$이다. 같은 방법으로

$$L[t^n f(t)] = (-1)^n \frac{d^n F}{ds^n}(s) \qquad \square$$

예제 9 $f(t) = t\sin t$일 때 $L[f(t)]$, $L[f'(t)]$, $L[f''(t)]$, $L[f'''(t)]$를 구하라.

풀이 (1) $F(s) = \int_0^\infty e^{-st} t\sin t dt = \frac{2s}{(s^2+1)^2}$

(2) $f(0) = 0$이므로

$$L[f'(t)] = s\frac{2s}{(s^2+1)^2} - f(0) = \frac{2s^2}{(s^2+1)^2}$$

(3) $f(0) = f'(0) = 0$이므로

$$L[f''(t)] = s^2 F(s) - sf(0) - f'(0) = \frac{2s^3}{(s^2+1)^2}$$

(4) $f(0) = f'(0) = 0$, $f''(0) = 2$이므로

$$L[f'''(t)] = s^3 F(s) - s^2 f(0) - sf'(0) - f''(0) = -\frac{2(2s^2+1)}{(s^2+1)^2} \qquad \blacksquare$$

예제 10 $f(t) = t\cos 2t$일 때 $L[f(t)]$를 구하라.

풀이 $n=1$, $F(s) = L[\cos 2t] = \frac{s}{s^2+4}$이므로

$$L[t\cos 2t] = -\frac{d}{ds}\left(\frac{s}{s^2+4}\right) = \frac{s^2-4}{(s^2+4)^2} \qquad \blacksquare$$

문제 4 다음 함수의 라플라스 변환을 구하라.

(1) $L[t^2 \sin 2t]$ (2) $L[t^2 e^{-t}]$

(3) $L[te^{-t}\sin t]$ (4) $L[te^{-t}\cos t]$

정리 8.6을 이용하여 다항식의 라플라스 변환을 구할 수 있다.

예제 11 $L[t^n]$을 구하라.

풀이 $L[t^n] = L[t^n \cdot 1] = (-1)^n \dfrac{d^n F}{ds^n}(s)$. $F(s) = L[1] = \dfrac{1}{s}$ 이므로

$$\frac{dF}{ds}(s) = -\frac{1}{s^2},\ \cdots,\ \frac{d^n F}{ds^n} = (-1)^n \frac{n!}{s^{n+1}}$$

$$L[t^n] = (-1)^n \frac{d^n F}{ds^n}(s) = (-1)^{2n} \frac{n!}{s^{n+1}} = \frac{n!}{s^{n+1}}$$ ■

예제 12 $L[8t^3 - 5t + 10]$, $L[t^4 e^{-5t}]$를 구하라.

풀이 $$L[8t^3 - 5t + 10] = 8L[t^3] - 5L[t] + 10L[1]$$
$$= 8\frac{3!}{s^4} - 5\frac{1}{s^2} + 10\frac{1}{s}$$
$$= \frac{48}{s^4} - \frac{5}{s^2} + \frac{10}{s}$$

$F(s) = L[t^4] = \dfrac{4!}{s^5}$ 이므로

$$L[t^4 e^{-5t}] = \frac{4!}{(s+5)^5}$$ ■

문제 5 다음 함수의 라플라스 변환을 구하라.

(1) $p(t) = 2t^3 + \sin 3t$ (2) $f(t) = \sin t\, e^{-t}$

(3) $g(t) = t^n e^{-kt}$ (4) $g(t) = t^3 e^{-2t}$

8.2 주기함수의 라플라스 변환

생각해 보기

주기함수의 라플라스 변환은 무엇일까?

주기함수는 일정한 간격으로 똑같은 형태가 반복되므로 양의 실수 전 구간에서의 적분이 한 구간에서의 적분으로 표현된다.

정의 8.7 모든 $t \geq 0$에 대하여 $f(t+T) = f(t)$가 되는 상수 T가 있으면 $f(t)$를 **주기함수**(periodic function)라고 한다. 이렇게 되는 최소의 T를 함수 $f(t)$의 **주기**(period)라고 한다.

어느 구간에서 정의된 함수가 유한개의 점을 제외하고 연속일 때 그 함수를 **조각연속 함수**(piecewise continuous function)라 한다.

정리 8.8 $f(t)$를 주기가 T인 주기함수이고 $[0, \infty)$에서 조각연속이라고 하자. 그러면

$$L[f(t)] = \frac{1}{1-e^{-sT}} \int_0^T e^{-st} f(t)dt$$

증명 $L[f(t)] = \int_0^T e^{-st} f(t)dt + \int_T^{\infty} e^{-st} f(t)dt$. $u = t - T$로 치환하면

$$\int_T^{\infty} e^{-st} f(t)dt = \int_0^{\infty} e^{-s(u+T)} f(u+T)du$$

$$= e^{-sT} \int_0^{\infty} e^{-su} f(u)du = e^{-sT} L[f(t)]$$

이다. 따라서

$$L[f(t)] = \int_0^T e^{-st} f(t)dt + \int_T^\infty e^{-st} f(t)dt$$
$$= \int_0^T e^{-st} f(t)dt + e^{-sT} L[f(t)]$$

이므로

$$L[f(t)] = \frac{1}{1-e^{-sT}} \int_0^T e^{-st} f(t)dt. \qquad \square$$

예제 13 $f(t)=t,\ 0 \le t < 1,\ f(t+1)=f(t),\ t \ge 1$일 때 $L[f(t)]$를 구하라.

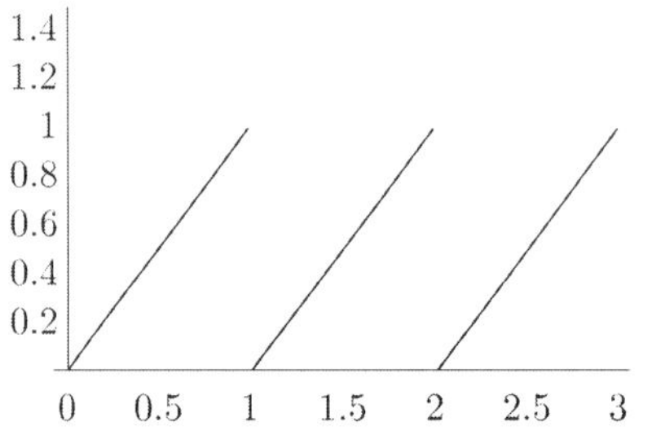

[그림 8.1] $f(t)$의 그래프

풀이 $T=1$이므로

$$L[f(t)] = \frac{1}{1-e^{-s}} \int_0^1 e^{-st} t\,dt$$
$$= \frac{1}{1-e^{-s}} \left[-\frac{e^{-s}}{s} - \int_0^1 \frac{e^{-st}}{s} dt \right]$$
$$= \frac{1}{1-e^{-s}} \left[-\frac{e^{-s}}{s} - \frac{1-e^{-s}}{s^2} \right] = \frac{1-(s+1)e^{-s}}{s^2(1-e^{-s})} \qquad ■$$

문제 6 다음 함수가 반복해서 이어지는 함수의 라플라스 변환을 구하라.

(1) $f_1(t) = \begin{cases} 1, & 0 \le t < 1 \\ -1, & 1 \le t < 2 \end{cases}$ (2) $f_2(t) = \begin{cases} t, & 0 \le t < 2 \\ 0, & 2 \le t < 4 \end{cases}$

(3) $f_3(t) = \begin{cases} 0, & 0 \le t < \pi \\ \sin t, & \pi \le t < 2\pi \\ 0, & 2\pi \le t < 3\pi \end{cases}$ (4) $f_4(t) = \begin{cases} 0, & 0 \le t < \pi \\ 1, & \pi \le t < 2\pi \\ 0, & 2\pi \le t < 3\pi \end{cases}$

8.3 역라플라스 변환

생각해 보기

라플라스 변환을 다시 역변환하면 어떻게 될까?

함수 $y = f(x)$에서 x를 y의 역상이라고 하듯이 라플라스 변환에서도 똑같이 정의한다.

정의 8.9 $L[f(t)] = F(s)$일 때 $L^{-1}[F(s)] = f(t)$를 $F(s)$의 **역라플라스 변환**이라고 한다.

예제 14 다음 함수의 역 라플라스 변환을 구하라.

(1) $F(s) = \dfrac{1}{s-6}$ (2) $F(s) = \dfrac{2}{s^2+4}$

(3) $F(s) = \dfrac{6}{s^4}$ (4) $F(s) = \dfrac{6}{(s+2)^4}$

풀이 (1) $L[e^{6t}] = \dfrac{1}{s-6}$ 이므로 $L^{-1}\left[\dfrac{1}{s-6}\right] = e^{6t}$ 이다.

(2) $L[\sin 2t] = \dfrac{2}{s^2+2^2}$ 이므로 $L^{-1}\left[\dfrac{2}{s^2+4}\right] = \sin 2t$ 이다.

(3) $L[t^3] = \dfrac{6}{s^4}$ 이므로 $L^{-1}\left[\dfrac{6}{s^4}\right] = t^3$ 이다.

(4) $L[e^{-2t}t^3] = \dfrac{6}{(s+2)^4}$ 이므로 $L^{-1}\left[\dfrac{6}{(s+2)^4}\right] = e^{-2t}t^3$ 이다. ■

역라플라스 변환도 선형의 성질을 갖고 있다.

정리 8.10 상수 a, b에 대하여

$$L^{-1}[aF(s) + bG(s)] = aL^{-1}[F(s)] + bL^{-1}[G(s)].$$

예제 15 다음 함수의 역라플라스 변환을 구하라.

(1) $F(s)=\dfrac{1}{s^3}$　　(2) $F(s)=\dfrac{5}{s}-\dfrac{2}{s-10}$

풀이 (1) $L^{-1}\left[\dfrac{1}{s^3}\right]=L^{-1}\left[\dfrac{1}{2}\dfrac{2}{s^3}\right]=\dfrac{1}{2}L^{-1}\left[\dfrac{2}{s^3}\right]=\dfrac{1}{2}t^2$

(2) $L^{-1}\left[\dfrac{5}{s}-\dfrac{2}{s-10}\right]=5L^{-1}\left[\dfrac{1}{s}\right]-2L\left[\dfrac{1}{s-10}\right]=5-2e^{10t}$ ■

예제 16 함수 $F(s)=\dfrac{2s-9}{s^2+25}$의 역라플라스 변환을 구하라.

풀이

$$L^{-1}\left[\frac{2s-9}{s^2+25}\right]=2L^{-1}\left[\frac{s}{s^2+25}\right]-\frac{9}{5}L^{-1}\left[\frac{5}{s^2+25}\right]$$

$$=2\cos 5t-\frac{9}{5}\sin 5t$$ ■

예제 17 $L^{-1}\left[\dfrac{s}{s^2+2s+5}\right]$를 구하라.

풀이

$$\frac{s}{s^2+2s+5}=\frac{s}{(s+1)^2+4}=\frac{(s+1)-1}{(s+1)^2+4}$$

$$L^{-1}\left[\frac{s}{s^2+2s+5}\right]=L^{-1}\left[\frac{(s+1)-1}{(s+1)^2+4}\right]$$

$$=L^{-1}\left[\frac{s+1}{(s+1)^2+4}\right]-\frac{1}{2}L^{-1}\left[\frac{2}{(s+1)^2+4}\right]$$

$$=e^{-t}\cos 2t-\frac{1}{2}e^{-t}\sin 2t$$ ■

문제 7 다음 함수의 역라플라스 변환을 구하라.

(1) $\dfrac{2}{s}$　　(2) $\dfrac{6}{s^4}$

(3) $\dfrac{1}{(s-1)^2}$　　(4) $\dfrac{s-1}{(s-1)^2+4}$

적분의 라플라스 변환과 그 역변환은 다음과 같다.

정리 8.11 $L\left[\int_0^t f(x)dx\right] = \frac{L[f(t)]}{s}$ 또는 $L^{-1}\left[\frac{L[f(t)]}{s}\right] = \int_0^t f(x)dx$

예제 18 $L^{-1}\left[\frac{1}{s(s+2)}\right]$을 구하라.

풀이 1 • $\frac{1}{s(s+2)} = \frac{1/(s+2)}{s}$ 이고 $L[f(t)] = \frac{1}{s+2}$ 이므로

$$f(t) = L^{-1}\left[\frac{1}{s+2}\right] = e^{-2t}.$$

따라서

$$L^{-1}\left[\frac{1}{s(s+2)}\right] = \int_0^t e^{-2x}dx = \frac{1-e^{-2t}}{2}$$

풀이 2 • $\frac{1}{s(s+2)} = \frac{1}{2s} - \frac{1}{2(s+2)}$ 이므로

$$L^{-1}\left[\frac{1}{s(s+2)}\right] = L^{-1}\left[\frac{1}{2s}\right] - L^{-1}\left[\frac{1}{2(s+2)}\right] = \frac{1}{2} - \frac{1}{2}e^{-2t}$$ ■

문제 8 다음 함수의 라플라스 변환을 구하라.

(1) $\int_0^t e^x dx$ (2) $\int_0^t \sin x dx$

(3) $\int_0^t e^{-x}\sin x dx$ (4) $\int_0^t e^{-2x}\cos x dx$

이제 미분방정식에 라플라스 변환을 응용하여 해를 구하여 보자. 미분방정식의 양변에 있는 함수를 각각 라플라스 변환을 하면 s에 관한 방정식이 된다. 이 방정식의 해 $Y(s)$를 s에 관하여 구한다. 역변환과 초기치를 이용하여 $Y(s)$의 역라플라스 변환 $L^{-1}[Y(s)] = y(t)$를 구한다. 이 $y(t)$가 미분방정식의 해가 된다.

예제 19 $y' - 4y = e^{4t}$, $y(0) = 0$의 해를 구하라.

풀이 • (1) $L[y' - 4y] = L[y'] - 4L[y] = sY(s) - y(0) - 4Y(s) = (s-4)Y(s)$

$$L[e^{4t}] = \frac{1}{s-4}$$

(2) $Y(s) = \dfrac{1}{(s-4)^2}$

(3) $y(t) = L^{-1}[Y(s)] = L^{-1}\left[\dfrac{1}{(s-4)^2}\right] = te^{4t}$ ■

예제 20 $y'' + 4y = e^{-t}\cos 2t$, $y(0) = 0$, $y'(0) = -1$의 해를 구하라.

풀이 (1) $L[e^{-t}\cos 2t] = \dfrac{s+1}{(s+1)^2+4}$

$$\begin{aligned} L[y''+4y] &= L[y''] + 4L[y] \\ &= s^2 Y(s) - sy(0) - y'(0) + 4Y(s) = s^2 Y(s) + 1 + 4Y(s) \end{aligned}$$

(2) $s^2 Y(s) + 1 + 4Y(s) = \dfrac{s+1}{(s+1)^2+4}$

$$\begin{aligned} Y(s) &= \frac{-s^2-s-4}{(s^2+4)[(s+1)^2+4]} \\ &= \frac{-8}{17(s^2+4)} - \frac{s}{17(s^2+4)} + \frac{s+1}{17[(s+1)^2+4]} - \frac{8}{17[(s+1)^2+4]} \end{aligned}$$

(3) $y(t) = L^{-1}[Y(s)] = L^{-1}\left[\dfrac{-s^2-s-4}{(s^2+4)[(s+1)^2+4]}\right]$

$$= -\frac{4}{17}\sin 2t - \frac{1}{17}\cos 2t + \frac{1}{17}e^{-t}\cos 2t - \frac{4}{17}e^{-t}\sin 2t$$ ■

문제 9 다음 미분방정식의 해를 구하라.

(1) $y' - 2y = e^{-t}$, $y(0) = 0$

(2) $y' - 3y = e^{t}$, $y(0) = 0$

(3) $y'' - y = \cos 2t$, $y(0) = 0$, $y'(0) = 1$

(4) $y'' - 4y = \sin 2t$, $y(0) = 0$, $y'(0) = 1$

주요 라플라스 변환

$f(t)$	$F(s)$	$f(t)$	$F(s)$
1	$\frac{1}{s},\ s>0$	$t^n,\ n=1,\ 2,\ \cdots$	$\frac{n!}{s^{n+1}},\ s>0$
e^{at}	$\frac{1}{s-a},\ s>a$	$t^n e^{at},\ n=1,\ 2,\ \cdots$	$\frac{n!}{(s-a)^{n+1}}$
$\sin kt$	$\frac{k}{s^2+k^2}$	$e^{at}\sin kt$	$\frac{k}{(s-a)^2+k^2}$
$\cos kt$	$\frac{s}{s^2+k^2}$	$e^{at}\cos kt$	$\frac{s-a}{(s-a)^2+k^2}$
$L[af(t)+bg(t)]=aL[f(t)]+bL[g(t)]$		$L[e^{at}f(t)]=F(s-a)$	
$L[f(t)]=\frac{1}{1-e^{-sT}}\int_0^T e^{-st}f(t)dt$		$L[t^n f(t)]=(-1)^n\frac{d^nF}{ds^n}(s)$	
$L[f'(t)]=sF(s)-f(0)$		$L[f''(t)]=s^2F(s)-sf(0)-f'(0)$	
$L[f^{(n)}(t)]=s^nF(s)-s^{n-1}f(0)-\cdots-sf^{(n-2)}(0)-f^{(n-1)}(0)$			
$L\left[\int_0^t f(x)dx\right]=\frac{L[f(t)]}{s}$			

제8장 연습문제

1. 라플라스 변환의 정의에 따라 다음 함수의 라플라스 변환을 구하라.

   (1) $g(t)=3e^{-t}$ (2) $f(t)=3t$

   (3) $f(t)=\begin{cases}1, 0\le t\le 2\\ 0, t>2\end{cases}$ (4) $h(t)=\sin 2t$

2. 라플라스 변환의 성질을 이용하여 다음 함수의 라플라스 변환을 구하라.

   (1) $f(t)=10e^{3t}$ (2) $f(t)=t-\sin 2t$

   (3) $f(t)=\cos 2t+\sin 3t$ (4) $g(t)=e^{t}-\sin 5t$

   (5) $p(t)=at^2+bt+c$ (6) $g(t)=5t+3\cos t$

3. 라플라스 변환의 성질을 이용하여 다음 함수의 라플라스 변환을 구하라.

   (1) $f(t)=t^2e^{-3t}$ (2) $g(t)=t\cos 3t$

   (3) $h(t)=e^{-2t}\cos 4t$ (4) $f(t)=t\sin t$

   (5) $f(t)=e^{-3t}+e^{t}\cos 4t$ (6) $g(t)=e^{2t}\sin 5t$

4. 역라플라스 변화의 성질을 이용하여 다음 함수의 역라플라스 변환을 구하라.

   (1) $F(s)=\dfrac{1}{(s+6)^3}$ (2) $F(s)=\dfrac{1}{s^8}$

   (3) $F(s)=\dfrac{1}{s(s+1)}$ (4) $F(s)=\dfrac{1}{s^2+9}$

   (5) $F(s)=\dfrac{s+1}{s^2+4s+8}$ (6) $F(s)=\dfrac{6s^2+12s-6}{(s-1)(s+2)(s+3)}$

5. 라플라스 변환의 성질을 이용하여 다음 함수의 라플라스 변환을 구하라.

   (1) $f(t)=\int_0^t e^{-s}ds$ (2) $g(t)=\int_0^t \cos x dx$

   (3) $h(t)=\int_0^t s\sin s ds$ (4) $k(t)=\int_0^t e^{-x}\sin x dx$

6. 다음 미분방정식의 해를 구하라.

(1) $y'' - 4y' + 8y = 0$, $y(0) = 1$, $y'(0) = 0$

(2) $y' - 2y = e^{2t}$, $y(0) = 0$

(3) $y'' + 2y' + y = 0$, $y(0) = 0$, $y'(0) = -2$

(4) $y'' - 4y' + 4y = e^{3t}$, $y(0) = 0$, $y'(0) = -1$

(5) $y'' + 4y = \sin 2t$, $y(0) = y'(0) = 0$

(6) $y'' + 4y = 0$, $y(0) = 1$, $y'(0) = 0$

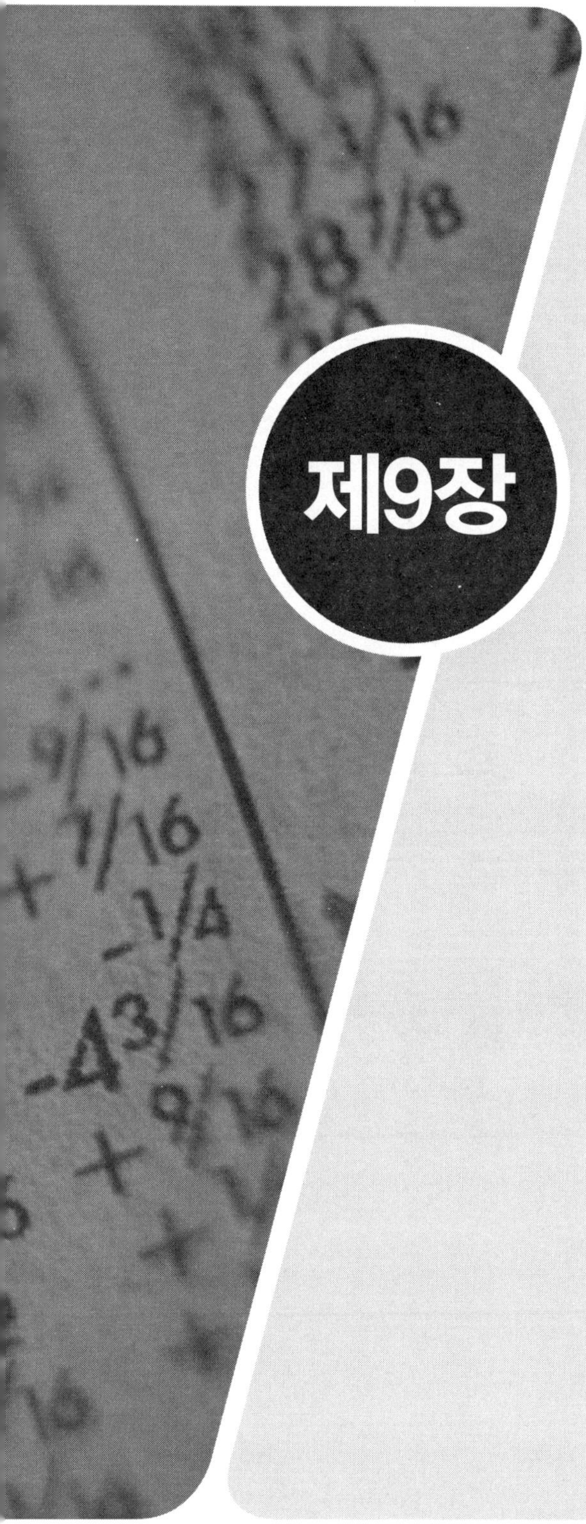

제9장 라플라스 변환의 응용

9.1 이동한 함수의 라플라스 변환

생각해 보기

계단함수의 라플라스 변환은 무엇일까?

정의 9.1 단위계단함수 $u(t-a)$은 다음과 같이 정의된다.

$$u(t-a)=\begin{cases}0, & 0\le t<a\\ 1, & t\ge a\end{cases}$$

예를 들면 $u(t-2)$의 그래프는 다음과 같다.

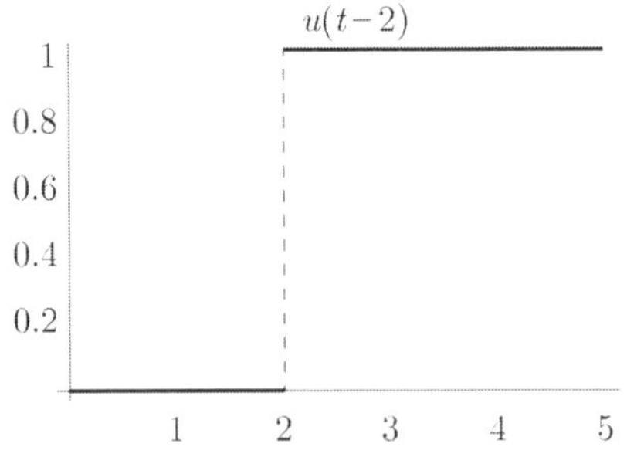

[그림 9.1]

단위계단함수를 이용하면 이동된 함수의 라플라스 변환을 구할 수 있다. 예를 들어 $f(x)=x^2$이라고 하자. 그러면 $f(x-1)=(x-1)^2$이다. 그러므로 $y=f(x-1)$은 $y=f(x)$의 그래프를 $x=1$만큼 평행이동한 함수이다. 그러나 $y=f(x-1)u(t-1)$은 $f(x)=x^2$, $x\ge 0$ 부분만 $x=1$만큼 평행이동하고 $0\le x<1$에서는 0인 함수이다.

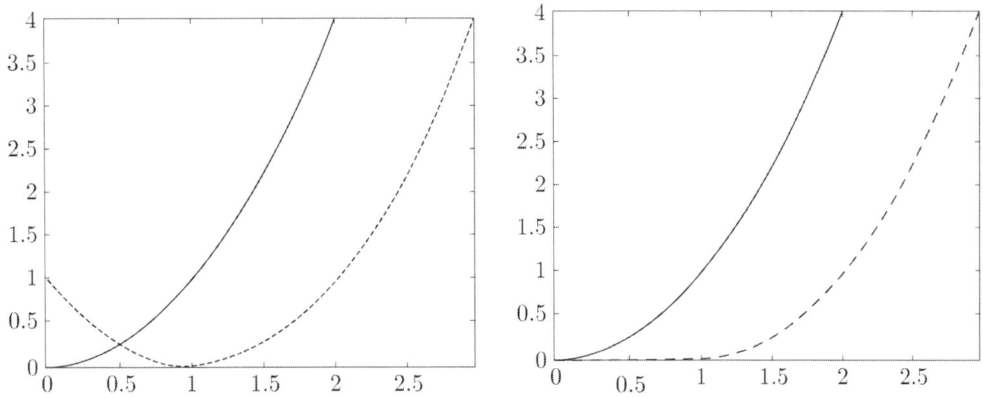

$f(x)$와 $f(x-1)$의 그래프 　　　　 $f(x)$와 $f(x-1)u(x-1)$의 그래프

[그림 9.2]

정리 9.2 $L[f(t-a)u(t-a)] = e^{-as}F(s)$

증명 $$L[f(t-a)u(t-a)] = \int_0^\infty e^{-st} f(t-a)u(t-a)dt$$
$$= \int_0^a e^{-st} f(t-a)u(t-a)dt + \int_a^\infty e^{-st} f(t-a)u(t-a)dt$$
$$= \int_a^\infty e^{-st} f(t-a)dt$$

$u = t-a$로 치환하면

$$\int_a^\infty e^{-st} f(t-a)dt = \int_0^\infty e^{-s(u+a)} f(u)du = e^{-as}\int_0^\infty e^{-su} f(u)du$$
$$= e^{-as}L[f(t)] = e^{-as}F(s)$$ □

예제 1 다음 라플라스 변환을 구하라.

(1) $L[u(t-a)],\ a>0$

(2) $L[(t-3)^5 u(t-3)]$

(3) $L[\sin(t-\pi/6)u(t-\pi/6)]$

풀이 (1) $L[u(t-a)] = L[1 \cdot u(t-a)] = e^{-as}L[1] = e^{-as}\dfrac{1}{s}$

(2) $L[(t-3)^5 u(t-3)] = e^{-3s}L[t^5] = e^{-3s}\dfrac{5!}{s^6}$

(3) $L\left[\sin\left(t-\dfrac{\pi}{6}\right)u\left(t-\dfrac{\pi}{6}\right)\right] = e^{-\pi s/6}L[\sin t] = e^{-\pi s/6}\dfrac{1}{s^2+1}$ ■

$g(t)u(t-a)$와 같은 경우는 치환하여 구할 수 있다. 즉 $g(t)=f(t-a)$로 놓으면 $f(t)=g(t+a)$이므로

$$\begin{aligned} L[g(t)u(t-a)] &= L[f(t-a)u(t-a)] \\ &= e^{-as}L[f(t)] = e^{-as}L[g(t+a)] \end{aligned}$$

가 된다.

예제 2 $L[t^2 u(t-1)]$, $L[\sin t\, u(t-\pi)]$를 구하라.

풀이 $L[t^2u(t-1)] = e^{-s}L[(t+1)^2] = e^{-s}L[t^2+2t+1] = e^{-s}\left(\dfrac{2}{s^3}+\dfrac{2}{s^2}+\dfrac{1}{s}\right)$

$L[\sin t\, u(t-\pi)] = e^{-\pi s}L[\sin(t+\pi)] = -e^{-\pi s}L[\sin t] = -e^{-\pi s}\dfrac{1}{s^2+1}$ ■

문제 1 다음을 구하라.

(1) $L[e^{2t}u(t+1)]$ (2) $L[(t-1)^2 e^{-t}u(t-1)]$

(3) $L[t\sin t\, u(t-\pi)]$ (4) $L[(t-2)^3 u(t-2)]$

단위계단함수를 이용하면 다음과 같은 불연속함수의 라플라스 변환을 쉽게 구할 수 있다.

$$f_1(t) = \begin{cases} g(t), & 0 \le t < a \\ h(t), & a \le t \end{cases},\quad f_2(t) = \begin{cases} 0, & 0 \le t < a \\ h(t), & a \le t < b \\ 0, & b \le t \end{cases}$$

왜냐하면

$$f_1(t) = g(t) - g(t)u(t-a) + h(t)u(t-a),\quad f_2(t) = h(t)[u(t-a)-u(t-b)]$$

로 나타낼 수 있기 때문이다.

예제 3 다음 함수의 라플라스 변환을 구하라.

$$f(t)=\begin{cases}-1, & 0 \le t \le 4 \\ 1, & t>4\end{cases}$$

풀이 $f(t)=-1+u(t-4)+u(t-4)=-1+2u(t-4)$이므로

$$L[f(t)]=L[-1+2u(t-4)]=-L[1]+2L[u(t-4)]$$
$$=-\frac{1}{s}+2\frac{e^{4s}}{s}=\frac{-1+2e^{-4s}}{s}$$ ■

문제 2 다음 함수의 라플라스 변환을 구하라.

(1) $f_1(t)=\begin{cases}1, & 0 \le t<1 \\ -1, & 1 \le t\end{cases}$ (2) $f_2(t)=\begin{cases}t, & 0 \le t<2 \\ 0, & 2 \le t\end{cases}$

(3) $f_3(t)=\begin{cases}0, & 0 \le t<\pi \\ \sin t, & \pi \le t<2\pi \\ 0, & 2\pi \le t\end{cases}$ (4) $f_4(t)=\begin{cases}0, & 0 \le t<\pi \\ 1, & \pi \le t<2\pi \\ 0, & 2\pi \le t\end{cases}$

정리 9.3 $L^{-1}[e^{-as}F(s)]=f(t-a)u(t-a)$

예제 4 $L^{-1}\left[\frac{e^{-4s}}{s^3}\right]$과 $L^{-1}\left[\frac{e^{-\pi s/2}}{s^2+16}\right]$를 구하라.

풀이 $F(s)=\frac{1}{s^3}$, $f(t)=L^{-1}[F(s)]=\frac{1}{2}t^2$이므로

$$L^{-1}\left[\frac{e^{-4s}}{s^3}\right]=f(t-4)u(t-4)=\frac{1}{2}(t-4)^2u(t-4)$$

이다. $F(s)=\frac{1}{s^2+16}$, $f(t)=L^{-1}[F(s)]=\frac{1}{4}\sin 4t$이므로

$$L^{-1}\left[\frac{e^{-\pi s/2}}{s^2+16}\right]=f\left(t-\frac{\pi}{2}\right)u\left(t-\frac{\pi}{2}\right)$$
$$=\frac{1}{4}\sin(4t-2\pi)u\left(t-\frac{\pi}{2}\right)=\frac{1}{4}\sin(4t)u\left(t-\frac{\pi}{2}\right)$$

가 된다. ■

문제 3 다음 함수의 역변환을 구하라.

(1) $Y(s)=\dfrac{e^{-2\pi s}}{s^2+1}$ (2) $F(s)=\dfrac{e^{-\pi s}}{s^2+4}$

(3) $F(s)=\dfrac{e^{-\pi s/2}}{s^2+9}$ (4) $Y(s)=e^{-s}\left(\dfrac{2}{s^3}+\dfrac{2}{s^2}+\dfrac{1}{s}\right)$

예제 5 다음 초기치 방정식의 해를 구하라.

$$y''+9y=\begin{cases}1, & 0\le t<\pi\\ 0, & t\ge\pi\end{cases},\quad y(0)=y'(0)=0$$

풀이 $f(t)=u(t)-u(t-\pi)$, $L[f(t)]=L[1]-L[u(t-\pi)]=\dfrac{1}{s}-\dfrac{e^{-\pi s}}{s}$,

$L[y''+9y]=s^2Y(s)-sy(0)-y'(0)+9Y(s)=s^2Y(s)+9Y(s)$.

따라서 $s^2Y(s)+9Y(s)=\dfrac{1}{s}-\dfrac{e^{-\pi s}}{s}$ 이므로

$$Y(s)=\frac{1}{s(s^2+9)}-\frac{e^{-\pi s}}{s(s^2+9)}$$

이다. $y(t)=L^{-1}[Y(s)]=L^{-1}\left[\dfrac{1}{s(s^2+9)}\right]-L^{-1}\left[\dfrac{e^{-\pi s}}{s(s^2+9)}\right]$ 이고

$$\begin{aligned}L^{-1}\left[\frac{1}{s(s^2+9)}\right]&=\int_0^t L^{-1}\left[\frac{1}{s^2+9}\right]dx\\&=\int_0^t\frac{1}{3}\sin 3x\,dx=\frac{1}{9}-\frac{1}{9}\cos 3t\end{aligned}$$

이므로

$$\begin{aligned}y(t)&=L^{-1}\left[\frac{1}{s(s^2+9)}\right]-L^{-1}\left[\frac{e^{-\pi s}}{s(s^2+9)}\right]\\&=\frac{1}{9}-\frac{1}{9}\cos 3t-\left[\frac{1}{9}-\frac{1}{9}\cos 3(t-\pi)\right]u(t-\pi)\\&=\frac{1}{9}-\frac{1}{9}\cos 3t-\left[\frac{1}{9}+\frac{1}{9}\cos 3t\right]u(t-\pi)\\&=\begin{cases}\dfrac{1}{9}-\dfrac{1}{9}\cos 3t, & 0\le t<\pi\\ -\dfrac{2}{9}\cos 3t, & t\ge\pi\end{cases}\end{aligned}$$

■

문제 4 다음 미분방정식의 해를 구하라.

(1) $y' + y = \begin{cases} 0, & 0 \le t < 1 \\ 5, & 1 \le t \end{cases}, \ y(0) = 0$

(2) $y' + 2y = \begin{cases} t, & 0 \le t < 1 \\ 0, & 1 \le t \end{cases}, \ y(0) = 0$

(3) $y'' + 16y = \begin{cases} \cos 4t, & 0 \le t < \pi \\ 0, & \pi \le t \end{cases}, \ y(0) = 0, \ y'(0) = 1$

(4) $y'' - 5y' + 6y = u(t-1), \ y(0) = 1, \ y'(0) = 0$

9.2 충격함수의 라플라스 변환

생각해 보기

디랙 델타 함수의 라플라스 변환은?

구간 위에서 일정한 값을 갖고 구간이 작아질수록 그 위에서 함숫값이 커지고, 구간 외에서는 0인 함수를 생각해 보자. 이 함수를 **단위충격함수**(unit impulse function)라 하며 다음과 같이 정의한다.

$$\delta_\alpha(t-t_0) \equiv \begin{cases} \dfrac{1}{2\alpha}, & t_0-\alpha < t < t_0+\alpha \\ 0, & \text{그 외} \end{cases}$$

정의 9.4 함수 $\delta(t-t_0)=\lim\limits_{\alpha\to 0}\delta_\alpha(t-t_0)$를 $t=t_0$에서 디랙 델타 함수라고 한다.

예제 6 $t_0=0$**이고** $\alpha=2,\ 1,\ 1/2,\ 1/4$**일 때 단위충격함수의 그래프**

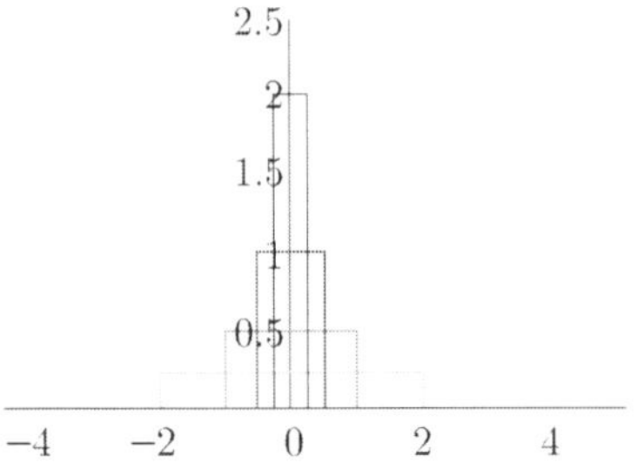

[그림 9.3] 디랙 델타 함수 ■

단위충격함수는 α나 t_0에 관계없이 항상 그 넓이가 일정하다. 즉

$$\int_{-\infty}^{\infty}\delta_\alpha(t-t_0)dt=1$$

따라서 디랙 델타 함수는 $\delta(t-t_0)=0,\ t\neq t_0$이고 $\int_{-\infty}^{\infty}\delta(t-t_0)dt=1$인 함수이다. 단위충격함수를 이용하면 함숫값을 적분을 이용하여 나타낼 수 있다.

정리 9.5 $g(t)$가 유한하고 연속이면 $\int_{-\infty}^{\infty}\delta(t-t_0)g(t)dt=g(t_0)$가 성립한다.

계단함수를 이용하여 단위충격함수를 나타내면 다음과 같다.

$$\delta_a(t-t_0)=\frac{1}{2a}[u(t-(t_0-a))-u(t-t_0+a))]$$

따라서

$$\begin{aligned} L[\delta_a(t-t_0)] &= \frac{1}{2a}(L[u(t-(t_0-a))]-L[u(t-t_0+a))]) \\ &= \frac{1}{2a}\left(\frac{e^{-s(t_0-a)}}{s}-\frac{e^{-s(t_0+a)}}{s}\right) \\ &= e^{-st_0}\left(\frac{e^{sa}-e^{-sa}}{2as}\right) \end{aligned}$$

이다. 로피탈 정리에 의하여 다음을 얻는다.

$$\begin{aligned} L[\delta(t-t_0)] &= \lim_{a\to 0}L[\delta_a(t-t_0)] \\ &= e^{-st_0}\lim_{a\to 0}\left(\frac{e^{sa}-e^{-sa}}{2as}\right)=e^{-st_0} \end{aligned}$$

정리 9.6 $t_0\geq 0$에 대하여 $L[\delta(t-t_0)]=e^{-st_0}$이다.

예제 7 $L[\delta(t)],\ L[\delta(t-\pi)]$를 구하라.

풀이 $L[\delta(t)]=1,\ L[\delta(t-\pi)]=e^{-\pi s}$ ■

예제 8 다음 초기치문제의 해를 구하라.

$$y''+y=\delta(t-\pi),\ y(0)=y'(0)=0$$

풀이 $L[y''+y]=s^2Y(s)-sy(0)-y'(0)+Y(s)=(s^2+1)Y(s)$,
$L[\delta(t-\pi)]=e^{-\pi s}$이므로

$$(s^2+1)Y(s)=e^{-\pi s}$$

이다. $L^{-1}\left[\dfrac{1}{s^2+1}\right]=\sin t$이므로

$$y(t)=L^{-1}\left[\frac{e^{-\pi s}}{s^2+1}\right]=\sin(t-\pi)u(t-\pi)=-\sin t\,u(t-\pi)$$
$$=\begin{cases}0, & 0\le t<\pi\\ -\sin t, & t\ge\pi\end{cases}$$

이다. ■

문제 5 다음 방정식의 해를 구하라.

(1) $y'-3y=2\delta(t-2),\ y(0)=0$

(2) $y'+y=\delta(t-\pi),\ y(0)=1$

(3) $y''+3y'+2y=\delta(t-\pi),\ y(0)=y'(0)=0$

(4) $y''+y=\delta(t-\pi)+\delta(t-2\pi),\ y(0)=1,\ y'(0)=0$

9.3 적분 합성의 라플라스 변환

생각해 보기

적분 합성 함수의 라플라스 변환은 무엇일까?

정의 9.7 $(f*g)(t) \equiv \int_0^t f(t-x)g(x)dx$를 적분 합성(convolution of integral)이라 한다.

예제 9 $f(t)=e^{-t}$, $g(t)=t$일 때 $(f*g)(t)$와 $(g*f)(t)$를 구하라.

풀이

$$\begin{aligned}(f*g)(t) &= \int_0^t f(t-x)g(x)dx = \int_0^t e^{-(t-x)}x\,dx \\ &= e^{-t}\int_0^t e^x x\,dx = e^{-t}[xe^x - e^x]|_0^t \\ &= e^{-t}(te^t - e^t + 1) = t + e^{-t} - 1\end{aligned}$$

$$\begin{aligned}(g*f)(t) &= \int_0^t g(t-x)f(x)dx = \int_0^t (t-x)e^{-x}\,dx \\ &= t\int_0^t e^{-x}\,dx - \int_0^t e^{-x}x\,dx \\ &= -te^{-t} + t + (te^{-t} + e^{-t} - 1) \\ &= t + e^{-t} - 1\end{aligned}$$

■

예제 9에서 보듯이 치환적분에 의하여 $\int_0^t f(t-x)g(x)dx = \int_0^t f(x)g(t-x)dx$이므로 $(f*g)(t) = (g*f)(t)$가 성립한다.

정리 9.8 (합성정리) $f(t)$, $g(t)$가 $[0,\infty)$에서 조각연속함수이면

$$L[(f*g)(t)] = L[f(t)]L[g(t)] = F(s)G(s).$$

따라서 $L^{-1}[F(s)G(s)] = (f*g)(t)$이다.

예제 10 $f(t)=e^{-t}$, $g(t)=\sin t$일 때 $(f*g)(t)$, $(g*f)(t)$를 구하고 합성정리를 확인하라.

풀이

$$(f*g)(t) = \int_0^t f(t-x)g(x)dx = \int_0^t e^{-(t-x)}\sin x\,dx$$

$$= e^{-t}\int_0^t e^x \sin x\,dx = e^{-t}\left[\frac{e^x}{2}(\sin x - \cos x)\right]\Big|_0^t$$

$$= \frac{1}{2}(\sin t - \cos t) + \frac{1}{2}e^{-t}$$

$F(s) = L[e^{-t}] = \dfrac{1}{s+1}$, $G(s) = \dfrac{1}{s^2+1}$이므로

$$L[(f*g)(t)] = \frac{1}{2}(L[\sin t] - L[\cos t]) + \frac{1}{2}L[e^{-t}]$$

$$= \frac{1}{2}\left(\frac{1}{s^2+1} - \frac{s}{s^2+1}\right) + \frac{1}{2}\frac{1}{s+1}$$

$$= \frac{1}{(s+1)(s^2+1)} = F(s)G(s)$$ ■

예제 11 합성정리를 이용하여 $h(t) = \int_0^t \cos(t-v)\sin v\,dv$의 라플라스 변환을 구하라.

풀이 $h(t) = \int_0^t \cos(t-v)\sin v\,dv = (f*g)(t)$, 여기서 $f(t)=\cos t$, $g(t)=\sin t$이므로

$$L[h(t)] = L[\cos t]L[\sin t]$$

$$= \left(\frac{s}{s^2+1}\right)\left(\frac{1}{s^2+1}\right) = \frac{s}{(s^2+1)^2}$$ ■

예제 12 합성정리를 이용하여 다음 적분방정식의 해를 구하라.

$$h(t) = 4t + \int_0^t h(t-v)\sin v\, dv$$

풀이 $L[h(t)] = L[4t] + L[\int_0^t h(t-v)\sin v\, dv] = L[4t] + L[h(t)]L[\sin t]$

$$H[s] = \frac{4}{s^2} + H(s)\frac{1}{s^2+1}, \quad H(s) = \frac{4}{s^2} + \frac{4}{s^4}$$

따라서 $h(t) = L^{-1}\left[\frac{4}{s^2} + \frac{4}{s^4}\right] = 4t + \frac{2}{3}t^3$이다. ■

합성정리를 이용하면 정리 8.11에 있는 적분의 라플라스 변환을 쉽게 유도할 수 있다. $L[1] = \frac{1}{s}$이므로

$$L[\int_0^t f(x)dx] = L[(1*f)(t)] = L[1]L[f] = \frac{F(s)}{s}$$

이다. 따라서 $L\left[\int_0^t f(x)dx\right] = \frac{F(s)}{s}$이다.

예제 13 다음 방정식의 해를 구하라.

$$\frac{dy}{dt} + y + \int_0^t y(u)du = 1, \quad y(0) = 0$$

풀이 $L\left[\int_0^t y(u)du\right] = \frac{Y(s)}{s}$이므로

$$L\left[\frac{dy}{dt}\right] + L[y] + L\left[\int_0^t y(u)du\right] = sY(s) - y(0) + Y(s) + \frac{Y(s)}{s}$$

$$= \left(s + 1 + \frac{1}{s}\right)Y(s)$$

이고, $L[1] = \frac{1}{s}$이므로

$$\left(s+1+\frac{1}{s}\right)Y(s)=\frac{1}{s} \quad \text{또는} \quad Y(s)=\frac{1}{s^2+s+1}=\frac{1}{\left(s+\frac{1}{2}\right)^2+\left(\frac{\sqrt{3}}{2}\right)^2}$$

이다. 따라서 $y(t)=\frac{2}{\sqrt{3}}e^{-t/2}\sin\frac{\sqrt{3}}{2}t$ 이다. ■

문제 6 다음을 구하라.

(1) $L\left[\int_0^t e^{-x}\cos x dx\right]$

(2) $L\left[\int_0^t x\sin x dx\right]$

(3) $L[1*t^3]$

(4) $L[\sin 2t*e^{-t}]$

(5) $L^{-1}\left[\frac{1}{s^2(s+1)}\right]$

(6) $L^{-1}\left[\frac{s}{(s^2+4)^2}\right]$

9.4 라플라스 변환의 응용

생각해 보기

라플라스 변환이 어떻게 이용될까?

예제 14 다음 방정식의 해를 구하라.

$$\frac{d^2x}{dt}+x=\begin{cases}\cos t, & 0\le t<\pi \\ 0, & t\ge\pi\end{cases},\quad x(0)=0,\quad \frac{dx}{dt}(0)=0$$

풀이 $f(t)=\cos t[u(t)-u(t-\pi)]=\cos t+\cos(t-\pi)u(t-\pi)]$ 이다.

$$\begin{aligned}L[f(t)]&=L[\cos t]+L[\cos(t-\pi)u(t-\pi)]\\&=\frac{s}{s^2+1}+e^{-s\pi}\frac{s}{s^2+1}\end{aligned}$$

$$L[x'']+L[x]=s^2X(s)-sx(0)-x'(0)+X(s)=(s^2+1)X(s)$$

이므로

$$X(s)=\frac{s}{(s^2+1)^2}+e^{-s\pi}\frac{s}{(s^2+1)^2}$$

이다. 정리 8.6에 의하여 $L^{-1}\left[\frac{s}{(s^2+1)^2}\right]=\frac{1}{2}t\sin t$ 이므로

$$\begin{aligned}x(t)&=\frac{1}{2}t\sin t+\frac{1}{2}(t-\pi)\sin(t-\pi)u(t-\pi)\\&=\begin{cases}\frac{1}{2}t\sin t, & 0\le t\le\pi\\ \left(t-\frac{\pi}{2}\right)\sin t, & t\le\pi\end{cases}\end{aligned}$$

■

예제 15 $x'+kx=1000(1+a\sin t)$, $x(0)=x_0$ 의 해를 구하라.

풀이 $L[x'+kx]=L[x']+kL[x]=sX(s)-x(0)+kX(s)$ 이고

$$L[1000(1+a\sin t)] = 1000(L[1]+aL[\sin t]) = 1000\left(\frac{1}{s}+\frac{a}{s^2+1}\right)$$

이므로

$$X(s) = 1000\left(\frac{1}{s(s+k)}+\frac{a}{(s+k)(s^2+1)}\right)+\frac{x_0}{s+k}$$

$$= \frac{1000}{k}\left(\frac{1}{s}-\frac{1}{s+k}\right)+\frac{1000a}{1+k^2}\left(\frac{1}{s+k}-\frac{s}{s^2+1}+\frac{k}{s^2+1}\right)+\frac{x_0}{s+k}$$

그러므로

$$x(t) = \frac{1000}{k}(1-e^{-kt})+\frac{1000a}{1+k^2}(e^{-kt}-\cos t+k\sin t)+x_0e^{-kt}$$ ■

다음은 $x_0=2000$, $k=3$일 때 $a=0.2$, 0.5, 0.75 경우의 그래프이다.

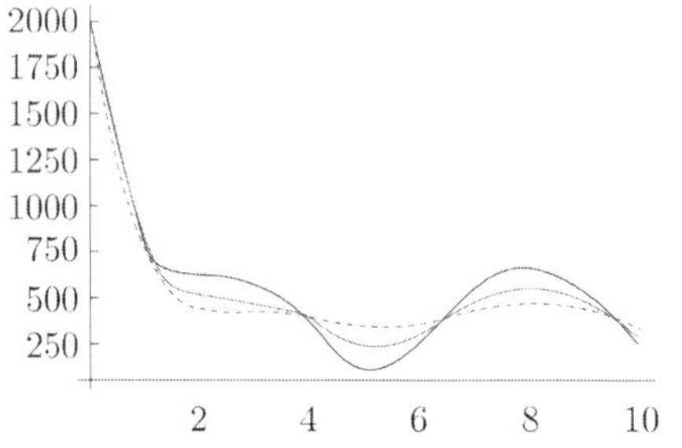

[그림 9.4]

문제 7 다음 방정식의 해를 구하라.

(1) $x'-3x=e^{2t}$, $x(0)=1$

(2) $x'+2x=t$, $x(0)=1$

(3) $x''-6y'+9y=t^2e^{3t}$, $y(0)=2$, $y'(0)=6$

(4) $x''-x=\cos t$, $x(0)=1$, $x'(0)=0$

주요 라플라스 변환

$L[u(t-a)]=\dfrac{e^{-as}}{s}$	$L[f(t-a)u(t-a)]=e^{-as}F(s)$
$L[f(t)u(t-a)]=e^{-as}L[f(t+a)]$	$L[(f*g)(t)]=F(s)G(s)$
$L[\delta(t-t_0)]=e^{-st_0}$	

제9장 연습문제

1. 다음 함수의 라플라스 변환을 구하라.

(1) $f(t) = tu(t-2)$

(2) $f(t) = te^{t-1}u(t-1)$

(3) $f(t) = \cos 2tu(t-\pi)$

(4) $f(t) = \sin tu\left(t-\frac{\pi}{2}\right)$

2. 다음 함수의 역라플라스 변환을 구하라.

(1) $F(s) = \frac{e^{-2s}}{s^3}$

(2) $F(s) = \frac{e^{-3s}}{s-1}$

(3) $F(s) = \frac{e^{-\pi s}}{s^2+1}$

(4) $F(s) = \frac{10}{se^{4s}}$

3. 다음 함수의 라플라스 변환을 구하라.

(1) $f(t) = t^2 * t^4$

(2) $f(t) = te^{-t}$

(3) $f(t) = \int_0^t e^x dx$

(4) $f(t) = \int_0^t xe^{t-x} dx$

4. 다음 함수의 역라플라스 변환을 구하라.

(1) $F(s) = \frac{1}{(s+1)(s-2)}$

(2) $F(s) = \frac{1}{s^3(s+3)}$

(3) $F(s) = \frac{s}{(s^2+1)^2}$

(4) $F(s) = \frac{1}{(s^2+4)(s+3)}$

5. 다음 미분방정식의 해를 구하라.

(1) $y'' + y = \sin t,\ y(0) = 1,\ y'(0) = -1$

(2) $y'' - 5y' + 6y = u(t-1),\ y(0) = 0,\ y'(0) = 1$

(3) $y' + 2y = \begin{cases} t, & 0 \le t < 1 \\ 0, & t \ge 1 \end{cases},\ y(0) = 0$

(4) $y' + y = \begin{cases} 1, & 0 \le t < 1 \\ -1, & t \ge 1 \end{cases},\ y(0) = 0$

제10장 변환-풀이-역변환 기법

실수의 모든 수는 직선의 모든 점과 일대일 대응이다. 따라서 실수를 직선 위에 표시할 수 있고 직선 위의 점을 실수로 나타낼 수 있다. 마찬가지로 실수의 순서쌍과 평면의 점 사이에는 일대일 대응이 성립한다. 그러므로 평면 위의 곡선은 방정식 $f(x, y)=0$으로 표시되고 방정식을 만족하는 순서쌍은 평면의 점에 대응된다. 즉 대수적이고 해석적인 성질과 그에 대응하는 곡선의 기하학적인 성질 사이에 유사한 대응이 성립한다.

기하학 문제는 그에 대응하는 대수학 문제로 변환되고, 대수적 문제를 푼 다음 그 문제를 기하학 문제로 다시 역변환하여 기하학 문제의 해를 구할 수 있다.

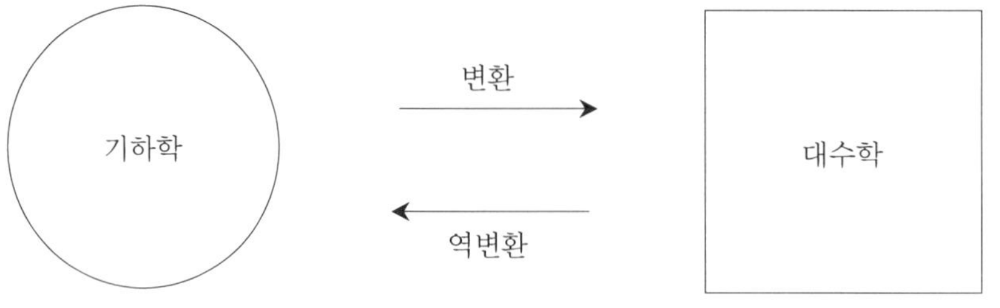

[그림 10.1]

변환–풀이–역변환 기법(transform-solve-invert technique)이란 어려운 문제를 그와 동치이면서 더 알기 쉬운 문제로 변환한(transform) 후, 그 쉬운 문제를 풀어서(solve) 나온 답을 원래 문제로 역변환(invert)하여 해를 구하는 방법을 말한다. 앞서 배운 라플라스 변환도 이 기법의 일종이다. 어려운 미분방정식을 좀더 쉬운 다항방정식으로 변환한 후 다항방정식의 해를 구하고 다시 역변환하여 해를 구하기 때문이다. 다시 말하면 변환-풀이-역변환 기법은 주어진 수학적인 상황을 좀더 쉬운 상황으로 변화시키고 쉬운 상황에서 해를 구한다. 그리고 원래 상황에 맞는 답을 얻기 위해서 그 변환을 역변환시키는 방법이다.

10.1 상수계수 미분방정식의 해법과 라플라스 변환

생각해 보기

미분방정식의 해법은 어떻게 라플라스 변환의 도움을 받을까?

앞서 배웠듯이 미분방정식의 해법에서 상수계수 미분방정식은 보조방정식을 이용하여 좀더 쉬운 방정식으로 변환하여 해를 구할 수 있다. 또한 미분방정식을 라플라스 변환하면 다항방정식이 된다. 이 방정식의 해를 구한 후 다시 그 값을 역변환하여 미분방정식의 해를 구한다.

상수계수 미분방정식 $ay''+by'+cy=0$의 일반해를 구하는 것은 이차다항식의 근을 구하는 것과 같다. 보조방정식 $am^2+bm+c=0$의 두 근을 m_1, m_2(또는 m)라고 하면 미분방정식의 해는 다음과 같다.

(1) $m_1 \neq m_2 \in R$이면 $y=c_1e^{m_1x}+c_2e^{m_2x}$

(2) $m_1 = m_2 (\equiv m)$이면 $y=c_1e^{mx}+c_2xe^{mx}$

(3) $m=\alpha \pm i\beta$이면 $y=e^{\alpha x}(c_1\cos\beta x+c_2\sin\beta x)$

예제 1 미분방정식 $y''-y'-6y=0$의 해를 구하라.

풀이 보조방정식 $m^2-m-6=(m-3)(m+2)=0$의 해는 2, -3이다. 따라서 해는

$$y=c_1e^{-3x}+c_2e^{2x}.$$

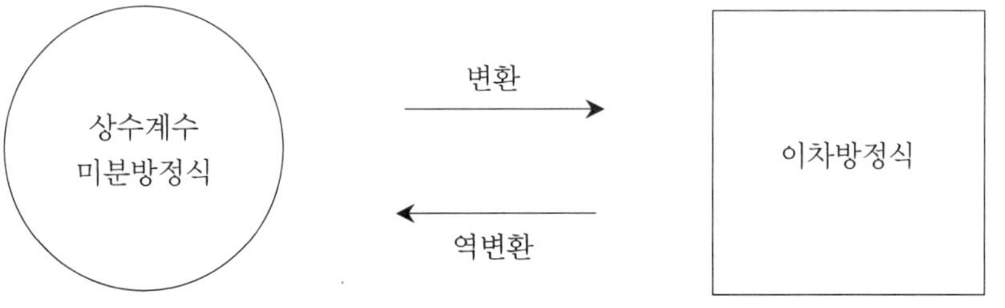

[그림 10.2]

■

문제 1 다음 미분방정식의 일반해를 구하라.

(1) $y''-6y'+9y=0$ (2) $y''+4y=0$

예제 2 미분방정식 $y'-3y=e^{2t}$, $y(0)=1$의 해를 구하라.

풀이 $L(y'-3y)=L(y')-3L(y)=sY(s)-y(0)-3Y(s)=(s-3)Y(s)-1$이고 $L(e^{2t})=\dfrac{1}{s-2}$이므로

$$Y(s) = \frac{s-1}{(s-2)(s-3)} = -\frac{1}{s-2} + \frac{2}{s-3}$$

이다. 따라서

$$\begin{aligned} y(t) &= L^{-1}(Y(s)) = L^{-1}\left(-\frac{1}{s-2}\right) + L^{-1}\left(\frac{2}{s-3}\right) \\ &= -e^{2t} + 2e^{3t}. \end{aligned}$$

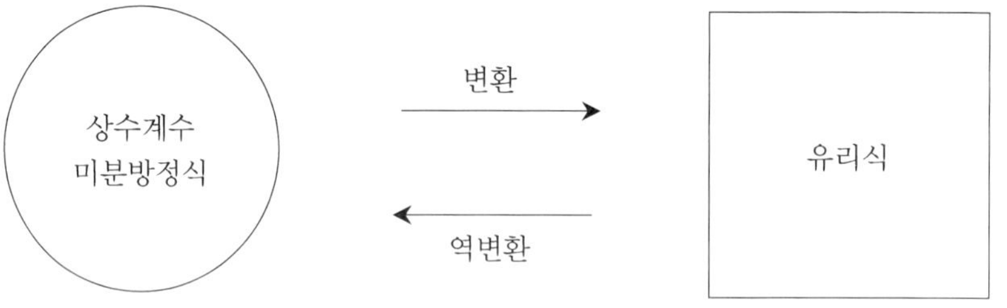

[그림 10.3]

■

문제 2 다음 초기치 미분방정식의 해를 구하라.

(1) $y' - 3y = e^{2t},\ y(0) = 0$

(2) $y'' - 4y' + 4y = t^3 e^{2t},\ y(0) = y'(0) = 0$

10.2 바코드 표기법

생각해 보기

상품의 분류와 정리는 바코드를 이용

현대 생활에는 매일 매일 새로운 상품이 나와 전시되며 팔리고 있다. 상품은 전 세계를 무대로 거래되고 있다. 상품이 너무 많아 각 상품의 이름으로 이를 기록하고 매상을 분석하는 것은 매우 불가능하다. 이를 매우 쉽게 하는 것은 상품 이름 대신 숫자로 표시하는 것이다. 숫자는 얼마든지 큰 수가 있으므로 전 세계에서 나오는 모든 상품을 모두 다르게 표기할 수 있다. 이러한 숫자를 우리는 바코드라고 한다.

상품에 적혀 있는 바코드를 컴퓨터가 인식하면 상품의 정리를 매우 신속하고 정확하게 할 수 있다. 바코드는 모두 13자리로 되어 있다. 처음 3자리는 국가코드, 다음 4자리는 회사코드, 다음 5자리는 제품명, 마지막 1자리는 검사숫자로 되어 있다.

검사숫자는 코드가 잘못 읽히는 것을 방지하기 위하여 사용된다. 확인 방법은 끝자리 수를 제외하고 앞에서부터 (짝수 자리 수의 합×3＋홀수 자리 수의 합)의 1자리 수를 10에서 뺀 것이다.

10－[{홀수 번째 숫자의 합)＋(짝수 번째 숫자의 합)×3}의 1의 자리 수]＝검사숫자

[그림 10.4]

예제 3 다음 바코드의 검사숫자를 확인해 보라.

(1) 880-1234-567-89-3

$10-[\{8+0+2+4+6+8)+(8+1+3+5+7+9)\times 3\}$의 1의 자리 수]

$=10-7=3$

(2) 978-8976-360-86-1

$10-[\{9+8+9+6+6+8)+(7+8+7+3+0+6)\times 3\}$의 1의 자리 수]

$=10-0=1$

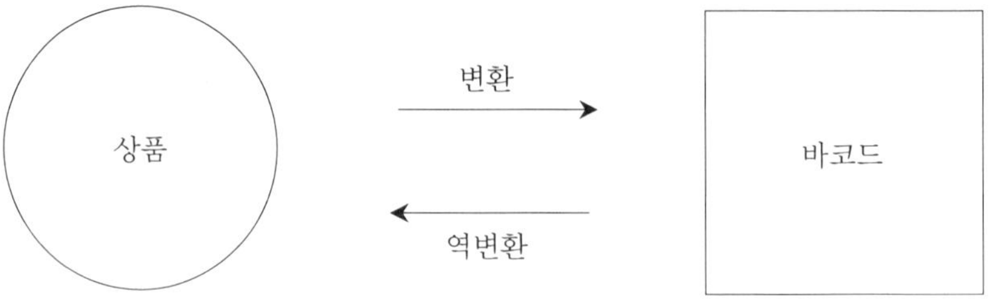

[그림 10.5]

■

문제 3 각자 갖고 있는 물건의 바코드를 알아보고 검사숫자를 확인해 보라.

10.3 로마숫자 표기법

생각해 보기

로마숫자의 연산은 어떻게 하면 쉬울까?

로마숫자는 다음과 같은 7개의 기본 숫자로 되어 있다.

I(1), V(5), X(10), L(50), C(100), D(500), M(1000)

이 기호를 오른쪽에 붙이는 수는 더하고, 왼쪽에 붙이는 수는 뺌으로써 이 기호를 몇 번이고 거듭 쓸 수 있다. 단 I은 V와 X에, X은 L과 C에, C은 D와 M에 한하여 가감할 수 있다. 수의 위에 가로선을 그으면 1000배가 된다.

인도·아라비아 숫자에 의한 필산이 보급된 후에도 로마숫자는 오랫동안 유럽에서 부기 등에 사용되었다. V는 손의 엄지를 편 모양이고, X은 V를 2개 합친 모양이라 한다.

I	II	III	IIII	V	VI	VII	VIII	VIIII	X	C
1	2	3	4	5	6	7	8	9	10	100

[그림 10.6]

예제 4 (1) III = 3, XX = 20, MMM = 3000

(2) CDLXVII = (500 − 100) + (50 + 10) + (5 + 2) = 467, MCMXCIX = 1999

(3) 4332 = $\overline{\text{IV}}$CCCXXXII, 15000 = $\overline{\text{XV}}$, 15000000 = $\overline{\overline{\text{XV}}}$ ■

예제 5 로마숫자의 곱 LXIII × XXIV를 계산하라.

풀이 로마숫자 LXIII과 XXIV를 아라비아 숫자로 변환하면 각각 63과 24이다. 아라비아 숫자를 곱하면 $63 \times 24 = 1512$이다. 1512를 다시 로마자로 역변환하면 MDXII가 된다. 따라서

$$\text{LXIII} \times \text{XXIV} = \text{MDXII}$$

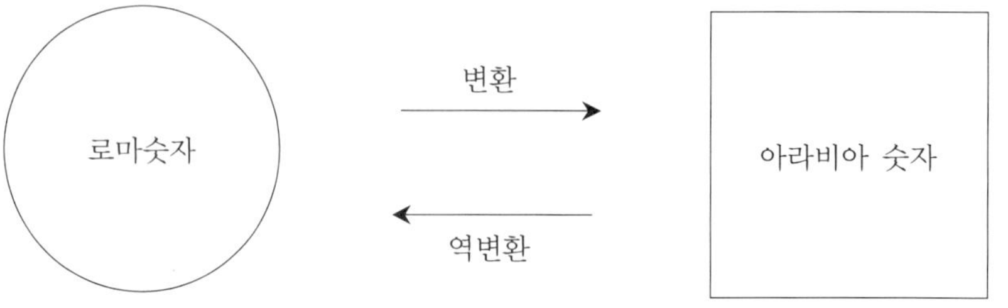

[그림 10.7]

■

문제 4 로마숫자의 곱 CLXI × XV를 계산하라.

10.4 방정식의 응용

생각해 보기

어려운 방정식은 쉬운 방정식으로 변환

예제 6 방정식 $x^3-2x^2+3x-1=0$의 근은 1보다 작음을 보여라.

풀이 위 방정식을 그대로 두고 생각하면 설명하기가 좀 힘들다. 그러나 $x=y+1$로 치환하여 새로운 방정식으로 변환하면 위 방정식은 동치인

$$y^3+y^2+2y+1=0$$

이 된다. $x=y+1$이므로 주어진 방정식의 근이 1보다 작은 것은 이 새 방정식의 근이 0보다 작다와 동치이다. 그런데 새 방정식의 계수가 모두 양수이므로 0 이상인 어떤 y도 이 방정식을 만족할 수 없다. 따라서 방정식이 성립하려면 y의 값은 음수가 되어야 한다. 즉 변환된 새로운 방정식의 해는 음수임을 알 수 있다. y의 값이 음수라는 사실을 다시 역변환하면 $y=x-1$이므로 x는 1보다 작다. 따라서 주어진 방정식의 근 x는 1보다 작다.

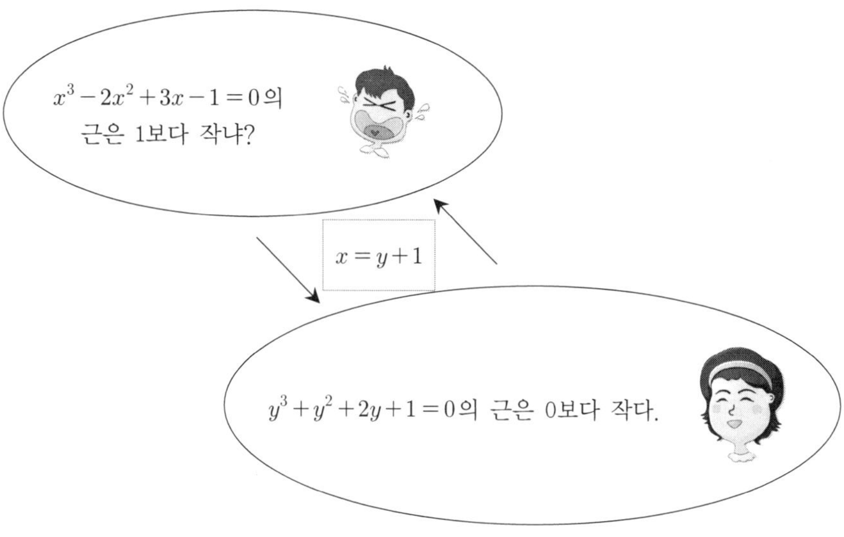

[그림 10.8]

■

문제 5 방정식 $x^7 - 2x^5 + 10x^2 - 1 = 0$의 근은 1보다 작음을 보여라.

문제 6 인기가수 소녀시대는 신세대의 인기에 힘입어, 내놓은 앨범마다 밀리언 셀러가 되었다. 많은 돈을 벌은 소녀시대는 국가가 IMF와 같은 재난이나 자연 재해를 당할 때를 대비하여 1000억 원어치 금괴를 비밀장소에 숨겨놓았다. 금괴가 묻힌 비밀장소는 인적이 드물고 해안 가까이에 울창한 숲이 있는 곳이다. 그곳에는 매우 큰 바위가 상당히 멀리 떨어져 마주보고 있고 그 사이의 앞으로 키가 커 아주 돋보이는 참나무가 딱 한 그루 있다. 윤아는 그 참나무에서 오른쪽 바위로 곧장 가서 시계 반대방향으로 90도 회전하여 온 거리만큼 다시 가서 말뚝을 박았고, 유리는 왼쪽 바위로 가서 시계 방향으로 90도 회전하여 온 거리만큼 다시 가서 말뚝을 박았다. 그들은 줄자를 이용하여 두 말뚝 사이의 정 가운데에 땅을 파 금괴를 모두 묻고 말뚝은 뽑아 버렸다. 한참 세월이 흘러 건조한 날씨가 계속되자 한반도 전체가 큰 산불에 위협받게 되었다. 소녀시대는 국가에 그 금괴를 기부하기 위하여 금괴가 묻힌 곳으로 갔으나, 아뿔싸 거기도 불이 나 모든 나무가 흔적도 없이 다 타버리고 덩그러니 바위만 남아 있다. 한참 시름에 잠겨 여기저기 마구 파보았으나 그 넓은 땅 어디를 파도 금괴는 보이지 않았다. 이때 수학을 좋아하던 태연이가 회심의 미소를 지었다. 그녀는 어떤 곳도 파지 않고 금괴가 묻힌 곳을 찾아낸 것이다. 어떻게 찾았을까?

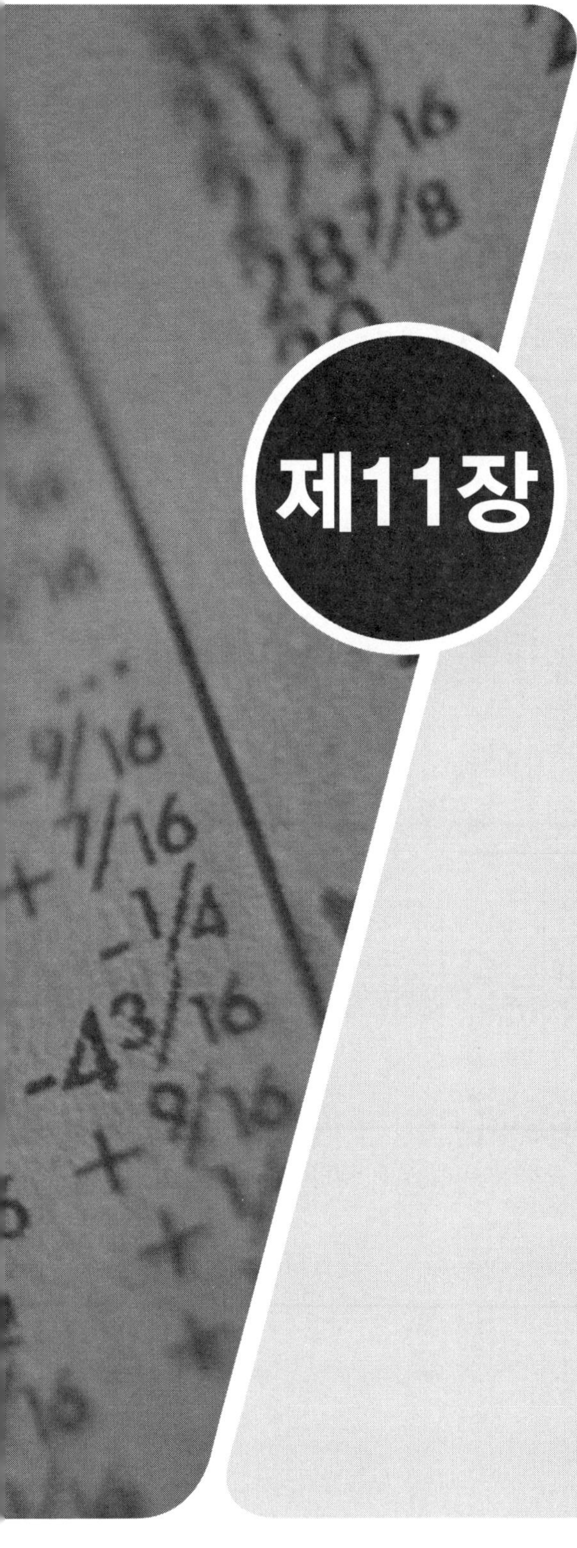

제11장 상수계수 연립미분방정식

다음과 같은 초기치 비동차 상수계수 고차방정식을 살펴보자.

$$a_n y^{(n)}(t) + \cdots + a_1 y'(t) + a_0 y(t) = f(t),\ \ a_n \neq 0$$
$$y(x_0) = y_0,\ y'(x_0) = y_0',\ \cdots,\ y^{(n-1)}(x_0) = y_0^{(n-1)}$$

방정식의 양변을 a_n으로 나누면

$$y^{(n)}(t) = -\frac{a_0}{a_n}y(t) - \frac{a_1}{a_n}y'(t) - \cdots - \frac{a_{n-1}}{a_n}y^{(n-1)}(t) + \frac{1}{a_n}f(t)$$

이다. $x_1 = y,\ x_2 = y',\ \cdots,\ x_n = y^{(n-1)}$이라고 정의하면, 위 방정식은 다음과 같은 연립방정식이 된다.

$$\begin{aligned} x_1' &= x_2 \\ x_2' &= x_3 \\ &\ \vdots \\ x_{n-1}' &= x_n \\ x_n' &= -\frac{a_0}{a_n}x_1 - \frac{a_1}{a_n}x_2 - \cdots - \frac{a_{n-1}}{a_n}x_n + \frac{1}{a_n}f(t) \end{aligned}$$

단, $x_1(x_0) = y_0,\ x_2(x_0) = y_0',\ \cdots,\ x_n(x_0) = y_0^{(n-1)}$이다. 행렬을 이용하면 이 방정식은 다음과 같이 나타낼 수 있다.

$$\begin{pmatrix} x_1' \\ x_2' \\ \vdots \\ \vdots \\ x_n' \end{pmatrix} = \begin{pmatrix} 0 & 1 & 0 \cdots\cdots\cdots & 0 \\ 0 & 0 & 1\ \ 0 \cdots\cdots & 0 \\ \vdots & & & \\ 0 & 0 & 0 \cdots\cdots 0 & 1 \\ -\frac{a_0}{a_n} & -\frac{a_1}{a_n} & \cdots\cdots\cdots\cdots & -\frac{a_{n-1}}{a_n} \end{pmatrix} \begin{pmatrix} x_1 \\ x_2 \\ \vdots \\ \vdots \\ x_n \end{pmatrix} + \begin{pmatrix} 0 \\ 0 \\ \vdots \\ \vdots \\ \frac{f(t)}{a_n} \end{pmatrix},\ \begin{pmatrix} x_1(x_0) \\ x_2(x_0) \\ \vdots \\ \vdots \\ x_n(x_0) \end{pmatrix} = \begin{pmatrix} y_0 \\ y_0' \\ \vdots \\ \vdots \\ y_0^{(n-1)} \end{pmatrix}$$

이와 같이 미분이 포함된 연립방정식을 **연립미분방정식**이라 한다. 연립방정식은 행렬로 나타낼 수 있다. 따라서 연립미분방정식의 해를 구하기 위해 우선 행렬의 성질을 살펴보자.

11.1 행렬의 성질

생각해 보기

연립방정식은 행렬로 어떻게 나타낼까?

행렬이란 실수 a_{ij}를 아래와 같이 직사각형 모양으로 나열한 것을 말하며, 이 경우 m행 n열 행렬 또는 $m \times n$ 행렬이라 하며 간단히 $A=(a_{ij})_{m\times n}$으로 나타낸다.

$$A=\begin{pmatrix} a_{11} & a_{12} & \dots\dots & a_{1n} \\ a_{21} & a_{22} & \dots\dots & a_{2n} \\ \vdots & \vdots & & \vdots \\ \vdots & \vdots & & \vdots \\ a_{m1} & a_{m2} & \dots\dots & a_{mn} \end{pmatrix}$$

$m=n$이면 n차 **정사각행렬**이라 한다. 여기서 a_{ij}를 i행 j열 성분 또는 $(i,\ j)$ 성분이라고 한다.

크기가 같은 두 행렬 $A=(a_{ij})_{m\times n}$, $B=(b_{ij})_{m\times n}$에서 서로 대응하는 성분이 모두 같을 때 A와 B는 **같다**고 한다.

$$A=B \Leftrightarrow a_{ij}=b_{ij} \ \ (1 \le i \le m,\ 1 \le j \le n)$$

크기가 같은 행렬과 행렬의 **덧셈**은 $A=(a_{ij})$, $B=(b_{ij})$일 때 $A+B=(a_{ij}+b_{ij})$, 상수 α에 대하여 **스칼라 곱셈**은 $\alpha A=(\alpha a_{ij})$로 정의한다.

두 행렬의 곱셈은 앞 행렬의 열의 크기와 뒤 행렬의 행의 크기가 같을 때 정의된다. 즉 $A=(a_{ij})_{m\times l}$, $B=(b_{ij})_{l\times n}$에 대하여 행렬의 **곱셈** $AB=(c_{ij})_{m\times n}$에서 성분 c_{ij}는 행렬 A의 i행과 행렬 B의 j열을 같은 위치의 성분끼리 곱하여 합한 것이다.

$$c_{ij}=\sum_{k=1}^{l} a_{ik}b_{kj}$$

행렬의 곱 AC는 앞 행렬 A의 열의 크기와 뒤 행렬 C의 행의 크기가 반드시 같아야 연산이 되며 행렬의 곱셈에서는 교환법칙이 성립하지 않는다.

$$AC \neq CA$$

n차 정사각행렬에서 행과 열이 같은 대각선 위의 성분이 모두 1이고 그 나머지 성분이 모두 0인 행렬을 **단위행렬**이라고 하며 I_n 또는 간단히 I로 나타낸다. 단위행렬은 행렬에 곱하여도 곱하여진 행렬은 변하지 않는다. 단위행렬과 영행렬은 수에서 1과 0에 해당하는 성질을 갖고 있다.

$$AI = IA = A$$

정의 11.1 정사각행렬 A에 대하여 $AB = BA = I$인 행렬 B가 있으면 A를 **정칙행렬**이라 하고 B를 A의 **역행렬**이라 하며 $B = A^{-1}$로 나타낸다.

역행렬은 단 하나 존재한다. A가 정칙이면 연립방정식 $Ax = b$의 해는 $x = A^{-1}b$ 뿐이다. $ad - bc \neq 0$인 경우 행렬 $A = \begin{pmatrix} a & b \\ c & d \end{pmatrix}$의 역행렬은 다음과 같다.

$$A^{-1} = \frac{1}{ad-bc}\begin{pmatrix} d & -b \\ -c & a \end{pmatrix}$$

여기서 $ad - bc$를 행렬 A의 **행렬식**이라 하며 $|A|$ 또는 $\det(A)$라고 나타낸다. A가 정칙이면 $|A| = ad - bc \neq 0$이다. 크기가 3인 정칙행렬 $A = (a_{ij})$의 **행렬식**은 다음과 같다.

$$|A| = a_{11}\begin{vmatrix} a_{22} & a_{23} \\ a_{32} & a_{33} \end{vmatrix} - a_{12}\begin{vmatrix} a_{21} & a_{23} \\ a_{31} & a_{33} \end{vmatrix} + a_{13}\begin{vmatrix} a_{21} & a_{22} \\ a_{31} & a_{32} \end{vmatrix}$$

또는

$$|A| = (a_{11}a_{22}a_{33} + a_{12}a_{23}a_{31} + a_{13}a_{21}a_{32}) - (a_{13}a_{22}a_{31} + a_{12}a_{21}a_{33} + a_{11}a_{23}a_{32})$$

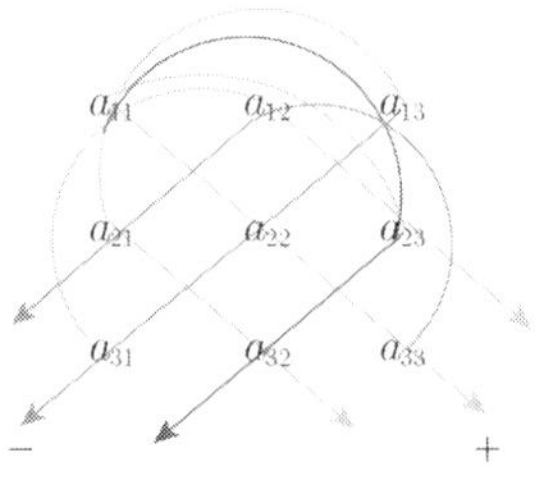

[그림 11.1]

행렬의 크기가 4 이상인 경우는 [그림 11.1]과 같은 형태로 행렬식을 구할 수는 없다. 이 경우 소행렬식을 이용하여야 한다.

예제 1 $\begin{pmatrix}1 & 2\\ 3 & 4\end{pmatrix}$의 역행렬은 $\dfrac{1}{4-6}\begin{pmatrix}4 & -2\\ -3 & 1\end{pmatrix}=\begin{pmatrix}-2 & 1\\ 3/2 & -1/2\end{pmatrix}$이고, $\begin{pmatrix}1 & 2\\ 3 & 4\end{pmatrix}\begin{pmatrix}-2 & 1\\ 3/2 & -1/2\end{pmatrix}$ $=\begin{pmatrix}1 & 0\\ 0 & 1\end{pmatrix}$이다. ■

문제 1 다음 행렬의 역행렬을 구하고 곱이 항등행렬이 되는지 보라.

(1) $\begin{pmatrix}2 & 1\\ 3 & 4\end{pmatrix}$ (2) $\begin{pmatrix}5 & 7\\ 7 & 6\end{pmatrix}$

문제 2 다음 행렬의 행렬식을 구하라.

(1) $\begin{pmatrix}1 & 2 & 3\\ 4 & 5 & 6\\ 7 & 8 & 9\end{pmatrix}$ (2) $\begin{pmatrix}1 & 2 & 3\\ 2 & 2 & 2\\ 3 & 2 & 3\end{pmatrix}$

정의 11.2 $x_1,\ x_2,\ \cdots,\ x_n$을 벡터라고 하자. 적어도 하나는 0이 아닌 상수 $\alpha_1,\ \alpha_2,$ $\cdots,\ \alpha_n$이 존재하여, $\alpha_1 x_1+\alpha_2 x_2+\cdots+\alpha_n x_n=0$이면 벡터 $x_1,\ x_2,\ \cdots,\ x_n$을 **일차종속**이라고 한다. 만일 일차종속이 아니면, 즉

$$\alpha_1 x_1+\alpha_2 x_2+\cdots+\alpha_n x_n=0 \ \Rightarrow\ \alpha_1=\cdots=\alpha_n=0$$

을 만족하면 벡터 $x_1,\ x_2,\ \cdots,\ x_n$을 **일차독립**이라고 한다.

예제 2 (1) e_i는 i번째 성분만 1이고 나머지는 모두 0인 벡터라고 하자. 그러면 $\{e_1,\ e_2,\ \cdots,\ e_n\}$은 일차독립이다.

(2) $\{(1,\ 0,\ 0,\ 0),\ (1,\ 1,\ 0,\ 0),\ (1,\ 1,\ 1,\ 0),\ (1,\ 1,\ 1,\ 1),\ (4,\ 3,\ 2,\ 1)\}$은 일차종속이다. 왜냐하면
$(4,\ 3,\ 2,\ 1)=(1,\ 0,\ 0,\ 0)+(1,\ 1,\ 0,\ 0)+(1,\ 1,\ 1,\ 0)+(1,\ 1,\ 1,\ 1)$. ■

문제 3 다음 벡터는 일차독립인지 종속인지 밝혀라.

(1) $\{(1,\ 2,\ 3),\ (-2,\ 3,\ -2),\ (2,\ 0,\ 4)\}$

(2) $\{(1,\ 2,\ 3),\ (4,\ 5,\ 6),\ (7,\ 8,\ 9)\}$

연립방정식 $Ax=b$의 해의 존재성은 계수행렬 A의 성질에 달려있음이 다음 정리에

의해 알 수 있다.

정리 11.3 정사각행렬 A에 대하여 다음은 서로 같은 뜻이다.

(1) A는 정칙이다.

(2) 임의의 벡터 b에 대하여 $Ax=b$는 단 하나의 해 $x=A^{-1}b$를 갖는다.

(3) $Ax=0$은 단 하나의 해 $x=0$을 갖는다.

11.2 행렬과 고유치

생각해 보기

행렬의 고유치와 고유벡터의 관계는?

정의 11.4 정사각행렬 A에서 방정식 $Ax = \lambda x$, $x \neq 0$를 만족하는 상수 λ를 A의 **고유치**, 0이 아닌 벡터 x를 고유치 λ에 대응하는 A의 **고유벡터**라고 한다.

예제 3 $A = \begin{pmatrix} 1 & 3 \\ 0 & 2 \end{pmatrix}$, $u = \begin{pmatrix} 3 \\ 1 \end{pmatrix}$, $v = \begin{pmatrix} 1 \\ 0 \end{pmatrix}$이면 $Au = 2u$, $Av = 1v$이다. 따라서 A의 고유치는 $\lambda_1 = 2$와 $\lambda_2 = 1$이고 u, v는 각각에 대응하는 고유벡터이다. ■

예제 3에서 고유벡터 u에 임의의 상수를 곱한 벡터, 예를 들어 $w = \begin{pmatrix} 9 \\ 3 \end{pmatrix}$도 $Aw = 2w$를 만족한다. 즉 임의의 상수 α에 대하여 $Ax = \lambda x$이면

$$A(\alpha x) = \alpha(Ax) = \alpha(\lambda x) = \lambda(\alpha x)$$

이므로 고유벡터에 0이 아닌 임의의 상수를 곱한 벡터는 모두 고유벡터이다. 이 벡터와 0을 포함하여 고유공간이라고 한다.

정의 11.5 고유치 λ에 대하여 $Ax = \lambda x$를 만족하는 벡터 전체의 집합 $\{x \in R^n \mid Ax = \lambda x\}$를 λ에 대응하는 A의 **고유공간**이라고 한다.

예제 3에서 $\lambda_1 = 2$에 대응하는 고유공간은 $\left\{\alpha\begin{pmatrix} 3 \\ 1 \end{pmatrix} \mid \alpha \in R\right\}$이다. 이 공간은 기하학적으로 원점을 지나고 기울기가 $\frac{1}{3}$인 직선이다. $\lambda_2 = 1$에 대응하는 고유공간은

$\left\{\alpha\begin{pmatrix}1\\0\end{pmatrix} \mid \alpha\in R\right\}$로 원점을 지나고 기울기가 0인 직선인 x축에 해당된다.

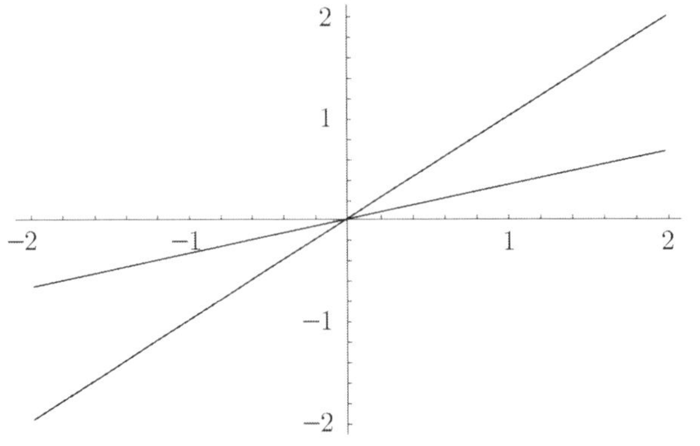

[그림 11.2] 예제 3의 행렬 A의 고유공간

λ가 행렬 A의 고유치이면 정의에 의하여 $Ax=\lambda x$를 만족하는 0이 아닌 벡터 x가 있다. 즉 $(A-\lambda I)x=0$이므로 행렬 $A-\lambda I$는 0이 아닌 해 x를 갖는다. 따라서 정리 11.3에 의하여 $A-\lambda I$는 정칙이 아니고 $|A-\lambda I|=0$이 된다. 마찬가지로 $|A-\lambda I|=0$이면 $Ax=\lambda x$를 만족하는 0이 아닌 벡터 x가 있으므로 다음과 같은 정리가 성립된다.

정리 11.6 λ가 행렬 A의 고유치이면 A-λI의 행렬식 $|A-\lambda I|=0$이고 그 역도 성립한다.

$p(\lambda)=|A-\lambda I|$를 행렬 A의 λ에 관한 **특성다항식**이라 하며 $p(\lambda)=0$을 **특성방정식**이라고 한다. 따라서 λ가 행렬 A의 고유치라는 것과 $p(\lambda)=0$이라는 것은 같은 뜻이다. 행렬 A의 크기가 n이면 특성다항식의 차수는 n이다. 대수학의 기본정리에 의하여 차수가 n인 특성방정식 $p(\lambda)=0$의 해는 복소수 위에서 반드시 n개 존재하고 특성방정식의 해가 고유치이므로 다음 성질을 갖는다.

정리 11.7 크기가 n인 행렬은 중복을 포함하여 복소수 범위에서 n개의 고유치를 갖는다.

예제 4 행렬 $A=\begin{pmatrix}1 & 3\\0 & 2\end{pmatrix}$의 고유치, 고유벡터, 그리고 고유공간을 구하여 보자.

풀이 행렬 A의 특성방정식

$$p(\lambda)=|A-\lambda I|=\left|\begin{pmatrix}1-\lambda & 3\\ 0 & 2-\lambda\end{pmatrix}\right|$$
$$=(1-\lambda)(2-\lambda)=0$$

의 해는 $\lambda=1,\ 2$이므로 $\lambda_1=2,\ \lambda_2=1$이다. 한편 $\lambda_1=2$에 대응하는 A의 고유공간은 방정식 $(A-\lambda_1 I)u=0$을 만족하므로

$$\begin{pmatrix}-1 & 3\\ 0 & 0\end{pmatrix}\begin{pmatrix}x\\ y\end{pmatrix}=0 \Rightarrow -x+3y=0$$

이 된다. $y=\alpha$라 하면 $x=3\alpha$이므로 $\lambda_1=2$에 대응하는 A의 고유공간은 $\left\{\alpha\begin{pmatrix}3\\1\end{pmatrix}\ \middle|\ \alpha\in R\right\}$이고 고유벡터는 $u_1=\begin{pmatrix}3\\1\end{pmatrix}$이다. 같은 방법으로 $\lambda_2=1$에 대응하는 A의 고유공간은 $\left\{\alpha\begin{pmatrix}1\\0\end{pmatrix}\ \middle|\ \alpha\in R\right\}$이고 고유벡터는 $u_2=\begin{pmatrix}1\\0\end{pmatrix}$이다. u_1, u_2는 일차독립이다. ■

예제 5 행렬 $B=\begin{pmatrix}1 & 1\\ 0 & 1\end{pmatrix}$의 고유치와 고유벡터를 구하라.

풀이 $p(\lambda)=|B-\lambda I|=(1-\lambda)^2$이므로 $\lambda=1$은 중복도 2를 갖는 고유치이다. $\lambda=1$에 대응하는 고유벡터는 $(B-I)\begin{pmatrix}x\\y\end{pmatrix}=0$을 만족하므로 $y=0$이다. 따라서 일차독립인 B의 고유벡터는 $\begin{pmatrix}1\\0\end{pmatrix}$뿐이다. ■

예제 6 다음 행렬의 고유치와 고유벡터를 구하여 보자.

$$\begin{pmatrix}2 & -1 & 1\\ -1 & 1 & -2\\ 1 & -2 & 1\end{pmatrix}$$

풀이 특성다항식이

$$p(\lambda)=\begin{vmatrix}2-\lambda & -1 & 1\\ -1 & 1-\lambda & -2\\ 1 & -2 & 1-\lambda\end{vmatrix}$$

$$= (2-\lambda)(1-\lambda)^2 + 2 + 2 - [(1-\lambda) + 4(2-\lambda) + (1-\lambda)]$$
$$= (\lambda-4)(\lambda-1)(\lambda+1)$$

이므로 이 행렬의 고유치는 $\lambda_1 = 4$, $\lambda_2 = 1$, $\lambda_3 = -1$이다. $\lambda_1 = 4$일 때 대응하는 고유벡터는

$$\begin{pmatrix} -2 & -1 & 1 \\ -1 & -3 & -2 \\ 1 & -2 & -3 \end{pmatrix}\begin{pmatrix} x \\ y \\ z \end{pmatrix} = \begin{pmatrix} 0 \\ 0 \\ 0 \end{pmatrix}$$

이므로 셋째 행을 첫 행에 더하고 다시 첫 행에 -1을 곱하여 둘째 행에 더하면

$$\begin{pmatrix} -1 & -3 & -2 \\ -1 & -3 & -2 \\ 1 & -2 & -3 \end{pmatrix} \Rightarrow \begin{pmatrix} -1 & -3 & -2 \\ 0 & 0 & 0 \\ 1 & -2 & -3 \end{pmatrix} \Rightarrow \begin{pmatrix} -1 & -3 & -2 \\ 1 & -2 & -3 \\ 0 & 0 & 0 \end{pmatrix}$$

이 된다. 다시 첫 행을 둘째 행에 더한 후 나온 둘째 행을 -5로 나누면

$$\begin{pmatrix} -1 & -3 & -2 \\ 0 & -5 & -5 \\ 0 & 0 & 0 \end{pmatrix} \Rightarrow \begin{pmatrix} -1 & -3 & -2 \\ 0 & 1 & 1 \\ 0 & 0 & 0 \end{pmatrix}$$

이 된다. $z = k$라고 놓으면 $y = -k$, $x = k$가 되어 고유벡터는 $u_1 = \begin{pmatrix} 1 \\ -1 \\ 1 \end{pmatrix}$이 된다. 같은 방법으로 $u_2 = \begin{pmatrix} -2 \\ -1 \\ 1 \end{pmatrix}$, $u_3 = \begin{pmatrix} 0 \\ 1 \\ 1 \end{pmatrix}$을 구할 수 있다. ■

문제 4 다음 행렬의 고유치와 고유벡터를 구하라.

(1) $\begin{pmatrix} 1 & 1 \\ -2 & 4 \end{pmatrix}$

(2) $\begin{pmatrix} 1 & 2 & -1 \\ 1 & 0 & 1 \\ 4 & -4 & 5 \end{pmatrix}$

11.3 연립미분방정식의 기본행렬

생각해 보기

행렬의 미분과 적분은?

행렬의 미분과 적분은 각 성분별로 한다.

정의 11.8 $A(t)=(a_{ij}(t))$이면 행렬의 미분과 적분은 다음과 같다.

$$\frac{d}{dt}A(t)=\left(\frac{d}{dt}a_{ij}(t)\right),\quad \int A(t)dt=\left(\int a_{ij}(t)dt\right)$$

예제 7 $A(t)=\begin{pmatrix}\cos 3t & \sin 3t & e^{-t}\\ t & t\sin t^2 & e^t\end{pmatrix}$이면

$$\frac{d}{dt}A(t)=\begin{pmatrix}-3\sin 3t & 3\cos 3t & -e^{-t}\\ 1 & \sin t^2+2t^2\cos t^2 & e^t\end{pmatrix}$$

$$\int A(t)dt=\begin{pmatrix}\frac{1}{3}\sin 3t+c_{11} & -\frac{1}{3}\cos 3t+c_{12} & -e^{-t}+c_{13}\\ \frac{1}{2}t^2+c_{21} & -\frac{1}{2}\cos t^2+c_{22} & e^t+c_{23}\end{pmatrix}$$ ■

다음과 같은 연립미분방정식

$$x_1'(t)=a_{11}(t)x_1(t)+a_{12}(t)x_2(t)+\cdots+a_{1n}(t)x_n(t)+f_1(t)$$
$$x_2'(t)=a_{21}(t)x_1(t)+a_{22}(t)x_2(t)+\cdots+a_{2n}(t)x_n(t)+f_2(t)$$
$$\vdots$$
$$x_n'(t)=a_{n1}(t)x_1(t)+a_{n2}(t)x_2(t)+\cdots+a_{nn}(t)x_n(t)+f_n(t)$$

을 살펴보자.

$$A(t)=\begin{pmatrix} a_{11}(t) & a_{12}(t) & \dots\dots & a_{1n}(t) \\ a_{21}(t) & a_{22}(t) & \dots\dots & a_{2n}(t) \\ \vdots & \vdots & & \vdots \\ a_{n1}(t) & a_{n2}(t) & \dots\dots & a_{nn}(t) \end{pmatrix},\quad X(t)=\begin{pmatrix} x_1(t) \\ x_2(t) \\ \vdots \\ x_n(t) \end{pmatrix},\quad F(t)=\begin{pmatrix} f_1(t) \\ f_2(t) \\ \vdots \\ f_n(t) \end{pmatrix}$$

라 하면 위 연립미분방정식은

$$X'(t)=A(t)X(t)+F(t)$$

로 간단히 표현된다. 다음과 같은 고차 미분방정식

$$y^{(n)}(t)+a_{n-1}y^{(n-1)}(t)+\cdots+a_1y'(t)+a_0y(t)=f(t)$$

에서 $x_1=y$, $x_2=y'(t)$, $\cdots$, $x_n=y^{(n-1)}(t)$로 치환하면 고차 미분방정식은 다음 연립미분방정식과 동치이다.

$$\begin{pmatrix} x_1'(t) \\ x_2'(t) \\ \vdots \\ \vdots \\ x_n'(t) \end{pmatrix}=\begin{pmatrix} 0 & 1 & 0 & \cdots\cdots\cdots & & 0 \\ 0 & 0 & 1 & 0 & \cdots\cdots & 0 \\ \vdots & & & & & \\ 0 & 0 & 0 & \cdots\cdots & 0 & 1 \\ -a_0 & -a_1 & \cdots\cdots & \cdots\cdots & \cdots & -a_{n-1} \end{pmatrix}\begin{pmatrix} x_1(t) \\ x_2(t) \\ \vdots \\ \vdots \\ x_n(t) \end{pmatrix}+\begin{pmatrix} 0 \\ 0 \\ \vdots \\ \vdots \\ f(t) \end{pmatrix}$$

예제 8 $y''+5y'+6y=\cos t$를 연립방정식으로 나타내라.

풀이 $x_1=y$, $x_2=y'(t)$라 하면 $x_1'=x_2$이고 $x_2'=-6x_1-5x_2+\cos t$이므로

$$\begin{pmatrix} x_1' \\ x_2' \end{pmatrix}=\begin{pmatrix} 0 & 1 \\ -6 & -5 \end{pmatrix}\begin{pmatrix} x_1 \\ x_2 \end{pmatrix}+\begin{pmatrix} 0 \\ \cos t \end{pmatrix}$$ ■

정의 11.9 $\{\Phi_1, \Phi_2, \cdots, \Phi_n\}$이 구간 I 위에서 **일차종속**이란 0이 아닌 상수 c_1, c_2, $\cdots$, c_n이 존재하여 $c_1\Phi_1+\cdots+c_n\Phi_n=0$인 경우를 뜻한다. 그렇지 않는 경우, 즉

$$c_1\Phi_1+\cdots+c_n\Phi_n=0\text{이면 } c_1=\cdots=c_n=0$$

이 성립하면 **일차독립**이라 한다.

정의 11.10 $\{\Phi_1, \Phi_2, \cdots, \Phi_n\}$이 구간 I 위에서 $X'(t)=A(t)X(t)$의 해이고 일차독립이면 $\{\Phi_1, \Phi_2, \cdots, \Phi_n\}$을 **기본해집합**이라고 한다.

정리 11.11 $\Phi_i = \begin{pmatrix} \Phi_{1i} \\ \Phi_{2i} \\ \vdots \\ \Phi_{ni} \end{pmatrix}$라 하자. 그러면 $\{\Phi_1, \Phi_2, \cdots, \Phi_n\}$이 일차독립이기 위한 필요충분조건은 $\{\Phi_1, \Phi_2, \cdots, \Phi_n\}$의 론스키안이 0이 아닌 것이다. 즉

$$W(\Phi_1, \cdots, \Phi_n) = \begin{vmatrix} \Phi_{11} & \Phi_{12} & \ldots \ldots & \Phi_{1n} \\ \Phi_{21} & \Phi_{22} & \ldots \ldots & \Phi_{2n} \\ \vdots & \vdots & & \vdots \\ \vdots & \vdots & & \vdots \\ \Phi_{n1} & \Phi_{n2} & \ldots \ldots & \Phi_{nn} \end{vmatrix} \neq 0.$$

예제 9 $\Phi_1 = \begin{pmatrix} e^{-2t} \\ -e^{-2t} \end{pmatrix}$, $\Phi_2 = \begin{pmatrix} 3e^{6t} \\ 5e^{6t} \end{pmatrix}$는 $X' = \begin{pmatrix} 1 & 3 \\ 5 & 3 \end{pmatrix} X$의 기본해집합임을 보여라.

풀이 $\Phi_1' = \begin{pmatrix} -2e^{-2t} \\ e^{-2t} \end{pmatrix}$, $\begin{pmatrix} 1 & 3 \\ 5 & 3 \end{pmatrix}\begin{pmatrix} e^{-2t} \\ -e^{-2t} \end{pmatrix} = \begin{pmatrix} -2e^{-2t} \\ 2e^{-2t} \end{pmatrix}$이므로 Φ_1은 $X' = \begin{pmatrix} 1 & 3 \\ 5 & 3 \end{pmatrix} X$의 해이다. 마찬가지로 Φ_2도 $X' = \begin{pmatrix} 1 & 3 \\ 5 & 3 \end{pmatrix} X$의 해이다. 한편

$$W(\Phi_1, \Phi_2) = \begin{vmatrix} e^{-2t} & 3e^{6t} \\ -e^{-2t} & 5e^{6t} \end{vmatrix} = 8e^{4t} \neq 0$$

이므로 $\{\Phi_1, \Phi_2\}$는 일차독립이다. 따라서 $\{\Phi_1, \Phi_2\}$는 기본해집합이다. ■

정리 11.12 $n \times n$ 행렬 $A(t)$에서 $X'(t) = A(t)X(t)$의 $n+1$개의 0이 아닌 해는 일차종속이다.

정리 11.13 $A(t)$가 $n \times n$ 행렬이면 $X'(t) = A(t)X(t)$의 일차독립인 해는 n개이다.

정리 11.14 $\{\Phi_1, \Phi_2, \cdots, \Phi_n\}$이 $X'(t) = A(t)X(t)$의 일차독립인 해이면 모든 해는 이것의 일차결합으로 나타나며 일반해는 다음과 같다.

$$X(t) = c_1\Phi_1(t) + c_2\Phi_2(t) + \cdots + c_n\Phi_n(t)$$

정의 11.15 $\{\Phi_1, \Phi_2, \cdots, \Phi_n\}$이 $X'(t) = A(t)X(t)$의 일차독립인 해라고 하자. 그러면 행렬

$$\Phi(t) = (\Phi_1, \cdots, \Phi_n) = \begin{pmatrix} \Phi_{11} & \Phi_{12} \ldots \ldots & \Phi_{1n} \\ \Phi_{21} & \Phi_{22} \ldots \ldots & \Phi_{2n} \\ \vdots & \vdots & \vdots \\ \vdots & \vdots & \vdots \\ \Phi_{n1} & \Phi_{n2} \ldots \ldots & \Phi_{nn} \end{pmatrix}$$

을 $X'(t) = A(t)X(t)$의 **기본행렬**이라 한다.

정리 11.4에 의해 일반해는 다음과 같이 기본행렬에 상수벡터를 곱한 것이다.

$$X(t) = \Phi(t)C, \quad C = \begin{pmatrix} c_1 \\ c_2 \\ \vdots \\ c_n \end{pmatrix}$$

예제 10 $X' = \begin{pmatrix} 1 & 3 \\ 5 & 3 \end{pmatrix} X$의 기본행렬과 일반해를 구하라.

풀이 예제 9에 의하여 $\Phi_1 = \begin{pmatrix} e^{-2t} \\ -e^{-2t} \end{pmatrix}$, $\Phi_2 = \begin{pmatrix} 3e^{6t} \\ 5e^{6t} \end{pmatrix}$는 일반해집합이므로 기본행렬은

$$\Phi = \begin{pmatrix} e^{-2t} & 3e^{6t} \\ -e^{-2t} & 5e^{6t} \end{pmatrix}$$

이고 일반해는 다음과 같다.

$$X(t) = \Phi\begin{pmatrix} c_1 \\ c_2 \end{pmatrix} = c_1\Phi_1 + c_2\Phi_2 = c_1\begin{pmatrix} e^{-2t} \\ -e^{-2t} \end{pmatrix} + c_2\begin{pmatrix} 3e^{6t} \\ 5e^{6t} \end{pmatrix}$$ ■

11.4 상수계수 연립미분방정식의 해

생각해 보기

동차 상수계수 연립미분방정식 $X'(t) = AX(t)$의 해를 구하는 과정과 동차 상수계수 미분방정식의 해를 구하는 과정에는 어떤 비슷한 관계가 있을까?

계수행렬의 성분이 모두 상수인 연립미분방정식 $X'(t) = AX(t)$의 해를 구하여 보자. 적당한 상수 λ와 벡터 v에 대하여 $X = ve^{\lambda t}$를 $X'(t) = AX(t)$의 해라고 하자. 그러면 $\lambda ve^{\lambda t} = Ave^{\lambda t}$이고, 따라서

$$(A-\lambda)ve^{\lambda t} = 0 \text{ 또는 } (A-\lambda)v = 0$$

이다. 그러므로 λ는 A의 고유치이고 v는 그에 대응하는 고유벡터이다. 따라서 연립미분방정식의 해는 행렬의 고유치에 영향을 받는다.

A의 고유치 $\lambda_1, \cdots, \lambda_n$가 모두 실수이고 이에 대응하는 일차독립인 고유벡터를 $v_1, \cdots, v_n$이라 하자. 그러면 $X_1 = v_1 e^{\lambda_1 t}, \cdots, X_n = v_n e^{\lambda_n t}$는 각각 해가 되고 $v_1, \cdots, v_n$은 일차독립이므로 론스키안은

$$|v_1 e^{\lambda_1 t}, \cdots, v_n e^{\lambda_n t}| = |v_1, \cdots, v_n| e^{(\lambda_1 + \cdots + \lambda_n)t} \neq 0$$

이다. 따라서 일반해는 다음과 같다.

$$X = c_1 v_1 e^{\lambda_1 t} + \cdots + c_n v_n e^{\lambda_n t}$$

예제 11 $X' = \begin{pmatrix} 5 & -1 \\ 0 & 3 \end{pmatrix} X$의 일반해를 구하라.

풀이 $\begin{pmatrix} 5 & -1 \\ 0 & 3 \end{pmatrix}$의 고유치는 $\lambda_1 = 5$, $\lambda_2 = 3$이고 대응하는 고유벡터는 $v_1 = \begin{pmatrix} 1 \\ 0 \end{pmatrix}$, $v_2 = \begin{pmatrix} -1 \\ 2 \end{pmatrix}$이다. 그러므로 일반해는 다음과 같다.

$$X = c_1 v_1 e^{5t} + c_2 v_2 e^{3t} = c_1 \begin{pmatrix} 1 \\ 0 \end{pmatrix} e^{5t} + c_2 \begin{pmatrix} -1 \\ 2 \end{pmatrix} e^{3t}$$ ■

A의 고유치가 복소수인 경우를 살펴보자. 고유치 $\lambda=\alpha+\beta i$에 대응하는 고유벡터를 $v=a+bi$라고 하자. 그러면 $e^{\beta t i}=\cos\beta t+i\sin\beta t$이므로

$$\begin{aligned} X &= ve^{\lambda t} \\ &= e^{\alpha t}(a\cos\beta t-b\sin\beta t)+ie^{\alpha t}(a\sin\beta t+b\cos\beta t) \end{aligned}$$

이다. $x_1(t)=e^{\alpha t}(a\cos\beta t-b\sin\beta t)$, $x_2(t)=e^{\alpha t}(a\sin\beta t+b\cos\beta t)$라 하면 $x_1(t)$, $x_2(t)$는 일차독립이고 $X=x_1(t)+ix_2(t)$이다. $X'(t)=AX(t)$이므로 $x_1{}'(t)+ix_2{}'(t)=Ax_1(t)+iAx_2(t)$가 된다. 따라서

$$x_1{}'(t)=Ax_1(t),\ x_2{}'(t)=Ax_2(t)$$

이다. 그러므로 $x_1(t)$, $x_2(t)$는 $X'(t)=AX(t)$의 기본해이다.

정리 11.16 행렬 A가 고유치 $\lambda_1=\alpha+\beta i$, $\lambda_2=\alpha-\beta i$와 고유벡터 $v_1=a+bi$, $v_2=a-bi$를 갖는다면 $X'(t)=AX(t)$의 일차독립인 두 해는

$$x_1(t)=e^{\alpha t}(a\cos\beta t-b\sin\beta t),\ x_2(t)=e^{\alpha t}(a\sin\beta t+b\cos\beta t)$$

이고, 일반해는 $X=c_1x_1(t)+c_2x_2(t)$이다.

문제 5 정리 11.16의 x_1, x_2가 일차독립임을 보여라.

예제 12 $X'=\begin{pmatrix}3 & -2\\ 4 & -1\end{pmatrix}X$의 일차독립인 두 해를 구하라.

풀이 $\begin{vmatrix}3-\lambda & -2\\ 4 & -1-\lambda\end{vmatrix}=(3-\lambda)(-1-\lambda)+8=\lambda^2-2\lambda+5=0$이다.

따라서 $\lambda=1\pm 2i$이고 $v=\begin{pmatrix}1\\ 1\mp i\end{pmatrix}$이므로 $\alpha=1$, $\beta=2$, $a=\begin{pmatrix}1\\1\end{pmatrix}$, $b=\begin{pmatrix}0\\-1\end{pmatrix}$

이다. 그러므로

$$\begin{aligned} x_1(t) &= e^t\left(\begin{pmatrix}1\\1\end{pmatrix}\cos 2t-2\begin{pmatrix}0\\-1\end{pmatrix}\sin 2t\right), \\ x_2(t) &= e^t\left(\begin{pmatrix}1\\1\end{pmatrix}\sin 2t+2\begin{pmatrix}0\\-1\end{pmatrix}\cos 2t\right) \end{aligned}$$

■

$\Phi(t)$가 $X'(t)=A(t)X(t)$, $X(0)=X_0$의 기본행렬이면 일반해는 $X(t)=\Phi(t)C$이다.

초기조건에 의하여 $X(0)=\Phi(0)C=X_0$이므로 $C=\Phi^{-1}(0)X_0$가 되어 다음 정리가 성립한다.

정리 11.17 $\Phi(t)$가 $X'(t)=AX(t)$의 기본행렬이면 $X'(t)=AX(t)$, $X(0)=X_0$의 해는

$$X(t)=\Phi(t)\Phi^{-1}(0)X_0$$

이다.

예제 13 $X'=\begin{pmatrix}5 & -1\\ 0 & 3\end{pmatrix}X$, $X(0)=\begin{pmatrix}1\\2\end{pmatrix}$의 해를 구하라.

풀이 예제 11에 의하여 일차독립인 두 해는 $x_1=\begin{pmatrix}1\\0\end{pmatrix}e^{5t}$과 $x_2=\begin{pmatrix}-1\\2\end{pmatrix}e^{3t}$이다. 따라서 기본행렬은

$$\Phi(t)=\begin{pmatrix}e^{5t} & -e^{3t}\\ 0 & 2e^{3t}\end{pmatrix}$$

이다. 그러므로 일반해는

$$X=c_1\begin{pmatrix}1\\0\end{pmatrix}e^{5t}+c_2\begin{pmatrix}-1\\2\end{pmatrix}e^{3t}=\Phi(t)C$$

이고, $C=\Phi^{-1}(0)X_0=\frac{1}{2}\begin{pmatrix}2 & 1\\ 0 & 1\end{pmatrix}\begin{pmatrix}1\\2\end{pmatrix}=\begin{pmatrix}2\\1\end{pmatrix}$이므로 초기치를 만족하는 해는 다음과 같다.

$$X=\Phi(t)C=\begin{pmatrix}e^{5t} & -e^{3t}\\ 0 & 2e^{3t}\end{pmatrix}\begin{pmatrix}2\\1\end{pmatrix}=\begin{pmatrix}2e^{5t}-e^{3t}\\ 2e^{3t}\end{pmatrix}$$ ■

고유치가 중복되어 같으면서 일차독립인 고유벡터의 수가 작은 경우를 살펴보자. 두 번 중복된 고유치 λ의 경우 일차독립인 고유벡터가 두 개인 경우와 하나인 경우가 있다. 일차독립인 고유벡터가 v_1, v_2이면 일차독립인 두 해는 앞서 실수의 경우처럼 $v_1e^{\lambda t}$, $v_2e^{\lambda t}$이다.

중복된 고유치 λ에 대응하는 일차독립인 고유벡터는 v_1 하나뿐인 경우 $X_1=v_1e^{\lambda_1 t}$는 해가 된다. 다른 일차독립인 해를 구하기 위해 다른 해를 $X_2=(vt+w)e^{\lambda t}$라고 하

자. 그러면 $X_2{}' = \lambda(vt+w)e^{\lambda t} + ve^{\lambda t}$ 이므로

$$\lambda(vt+w)e^{\lambda t} + ve^{\lambda t} = A(vt+w)e^{\lambda t}$$

이다. 따라서 $\lambda vt + (\lambda w + v) = Avt + Aw$ 이고 $\lambda v = Av$, $\lambda w + v = Aw$ 이다. 그러므로 $v = v_1$ 이고 w 는 다음을 만족하는 벡터이다.

$$(A - \lambda I)w = v_1$$

정리 11.18 행렬 A의 중복된 고유치 λ에 대하여 대응하는 일차독립인 고유벡터는 v_1 뿐이라면 $X'(t) = AX(t)$의 일차독립인 두 해는

$$X_1 = v_1 e^{\lambda t},\ X_2 = (v_1 t + w)e^{\lambda t}.$$

단 $(A - \lambda I)w = v_1$ 이다.

예제 14 $X' = \begin{pmatrix} -8 & -1 \\ 16 & 0 \end{pmatrix} X$의 해를 구하라.

풀이 $\begin{pmatrix} -8 & -1 \\ 16 & 0 \end{pmatrix}$의 고유치는 $\lambda = -4$ 뿐이고 이에 대응하는 고유벡터는 $v_1 = \begin{pmatrix} 1 \\ -4 \end{pmatrix}$ 이다. 따라서 한 해는

$$X_1 = \begin{pmatrix} 1 \\ -4 \end{pmatrix} e^{-4t}$$

이다. $(A - \lambda I)w = v_1$ 은 $\begin{pmatrix} -4 & -1 \\ 16 & 4 \end{pmatrix}\begin{pmatrix} x \\ y \end{pmatrix} = \begin{pmatrix} 1 \\ -4 \end{pmatrix}$ 이다. $x = 0$ 으로 택하면 $y = -1$ 이므로 $w = \begin{pmatrix} 0 \\ -1 \end{pmatrix}$ 이다. 그러므로 $X_2 = \left(\begin{pmatrix} 1 \\ -4 \end{pmatrix} t + \begin{pmatrix} 0 \\ -1 \end{pmatrix}\right) e^{-4t}$ 이다. 일반해는

$$X = c_1 \begin{pmatrix} 1 \\ -4 \end{pmatrix} e^{-4t} + c_2 \left(\begin{pmatrix} 1 \\ -4 \end{pmatrix} t + \begin{pmatrix} 0 \\ -1 \end{pmatrix}\right) e^{-4t} = \begin{pmatrix} c_1 + c_2 t \\ -4c_1 - c_2 - 4c_2 t \end{pmatrix} e^{-4t}$$ ■

문제 6 다음 방정식의 해를 구하라.

(1) $X' = \begin{pmatrix} 2 & 3 \\ 2 & 1 \end{pmatrix} X$

(2) $X' = \begin{pmatrix} 2 & 8 \\ -1 & -2 \end{pmatrix} X$

(3) $X' = \begin{pmatrix} 1 & -2 & 2 \\ -2 & 1 & -2 \\ 2 & -2 & 1 \end{pmatrix} X$

동차 상수계수 미분방정식의 해는 보조방정식의 해를 구함으로써 구할 수 있는 반면, 동차 상수계수 연립미분방정식 $X'(t) = AX(t)$의 해는 행렬의 고유치를 구함으로써 해를 구할 수 있다. 상수계수 미분방정식에서는 보조방정식의 근의 종류에 따라 해가 달라지듯이 상수계수 연립미분방정식에서는 행렬의 고유치의 종류에 따라 해가 달라진다.

제11장 연습문제

1. 다음 방정식의 일반해를 구하라.

(1) $X' = \begin{pmatrix} 1 & 2 \\ 4 & 3 \end{pmatrix} X$

(2) $Y' = \begin{pmatrix} -6 & 2 \\ -3 & 1 \end{pmatrix} Y$

(3) $\dfrac{dx}{dt} = 10x - 5y$
$\dfrac{dy}{dt} = 8x - 12y$

(4) $X' = \begin{pmatrix} 1 & 0 & 1 \\ 0 & 1 & 0 \\ 1 & 0 & 1 \end{pmatrix} X$

(5) $X' = \begin{pmatrix} 6 & -1 \\ 5 & 2 \end{pmatrix} X$

(6) $Y' = \begin{pmatrix} 1 & 1 \\ -2 & -1 \end{pmatrix} Y$

(7) $\dfrac{dx}{dt} = 4x - 5y$
$\dfrac{dy}{dt} = 5x - 4y$

(8) $X' = \begin{pmatrix} 4 & 0 & 1 \\ 0 & 6 & 0 \\ -4 & 0 & 4 \end{pmatrix} X$

(9) $X' = \begin{pmatrix} 3 & -1 \\ 9 & -3 \end{pmatrix} X$

(10) $X' = \begin{pmatrix} 12 & -9 \\ 4 & 0 \end{pmatrix} X$

(11) $X' = \begin{pmatrix} -1 & 3 \\ -3 & 5 \end{pmatrix} X$

(12) $X' = \begin{pmatrix} 2 & 1 & 0 \\ 0 & 2 & 1 \\ 0 & 0 & 2 \end{pmatrix} X$

2. 다음 방정식의 해를 구하라.

(1) $X' = \begin{pmatrix} 1 & 1 \\ 0 & 2 \end{pmatrix} X,\ X(0) = \begin{pmatrix} 0 \\ 4 \end{pmatrix}$

(2) $X' = \begin{pmatrix} 1/2 & 0 \\ 1 & -1/2 \end{pmatrix} X,\ X(0) = \begin{pmatrix} 3 \\ 5 \end{pmatrix}$

(3) $X' = \begin{pmatrix} 4 & 0 \\ 2 & 4 \end{pmatrix} X,\ X(0) = \begin{pmatrix} 8 \\ 0 \end{pmatrix}$

(4) $X' = \begin{pmatrix} 6 & -1 \\ 5 & 4 \end{pmatrix} X,\ X(0) = \begin{pmatrix} -2 \\ 8 \end{pmatrix}$

(5) $X' = \begin{pmatrix} 0 & -4 \\ 4 & 0 \end{pmatrix} X,\ X(0) = \begin{pmatrix} 0 \\ 8 \end{pmatrix}$

(6) $X' = \begin{pmatrix} 2 & 4 \\ -1 & 6 \end{pmatrix} X,\ X(0) = \begin{pmatrix} -1 \\ 6 \end{pmatrix}$

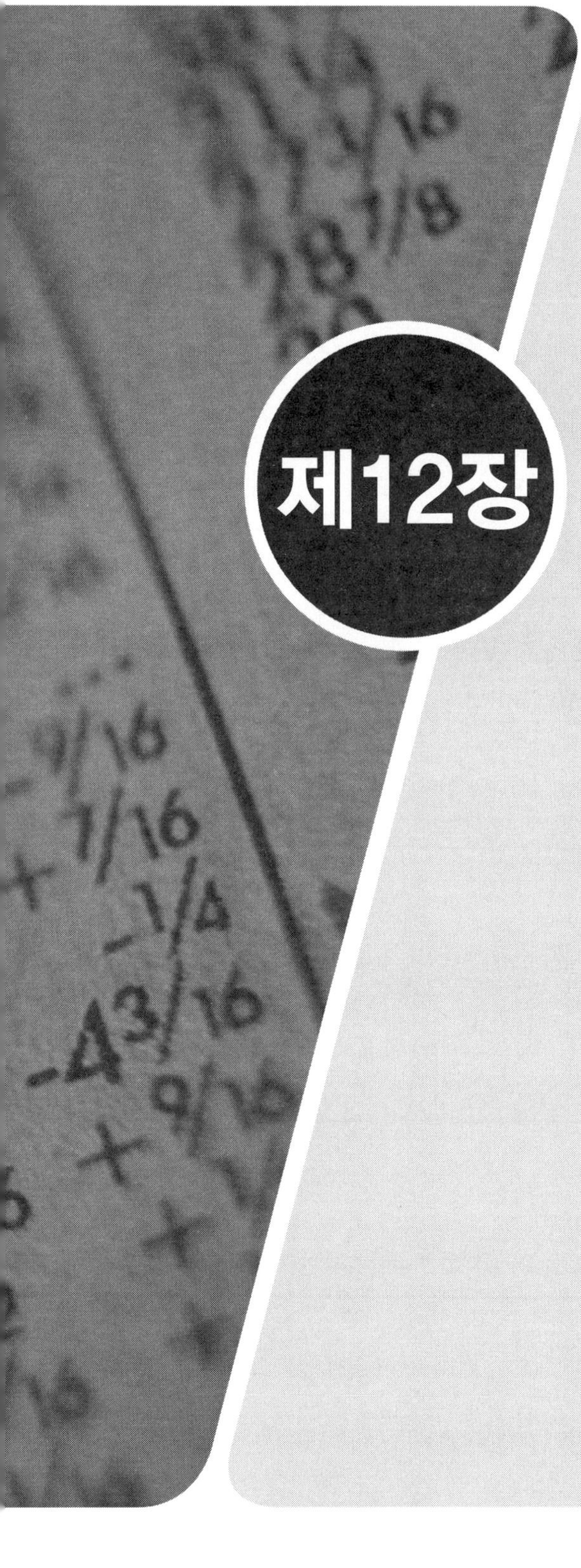

제12장 비동차 상수계수 연립미분방정식과 로트카-볼테라 방정식

앞에서 동차인 상수계수 연립미분방정식의 해를 알아보았다. 이 장에서는 비동차인 상수계수 연립미분방정식의 해에 대해 알아본다. 또한 생태계의 현상을 설명해주는 로트카-볼테라 방정식을 살펴본다.

12.1 비동차 상수계수 연립미분방정식

생각해 보기

비동차 상수계수 연립미분방정식 $X'(t) = AX(t) + F(t)$의 해를 구하는 과정과 비동차 상수계수 미분방정식의 해를 구하는 과정에는 어떤 비슷한 관계가 있을까?

계수행렬의 성분이 모두 상수인 비동차 연립미분방정식 $X'(t) = AX(t) + F(t)$의 해는 비동차 상수계수 미분방정식의 경우와 매우 비슷하다. 미정계수법에 의하여 특이해를 구하고 동차방정식의 일반해에 더하면 된다.

예제 1 $X' = \begin{pmatrix} 0 & 8 \\ 2 & 0 \end{pmatrix} X + \begin{pmatrix} e^{3t} \\ t \end{pmatrix}$의 해를 구하라.

풀이 $\begin{pmatrix} 0 & 8 \\ 2 & 0 \end{pmatrix}$의 고유치는 4, -4이고 대응하는 고유벡터는 각각 $\begin{pmatrix} 2 \\ 1 \end{pmatrix}$, $\begin{pmatrix} -2 \\ 1 \end{pmatrix}$이다. 따라서 $X' = \begin{pmatrix} 0 & 8 \\ 2 & 0 \end{pmatrix} X$의 일반해는 $X_h = c_1 \begin{pmatrix} 2 \\ 1 \end{pmatrix} e^{4t} + c_2 \begin{pmatrix} -2 \\ 1 \end{pmatrix} e^{-4t}$이다. $F(t) = \begin{pmatrix} e^{3t} \\ t \end{pmatrix} = \begin{pmatrix} 1 \\ 0 \end{pmatrix} e^{3t} + \begin{pmatrix} 0 \\ 1 \end{pmatrix} t$이므로 특이해를 $X_p = ae^{3t} + bt + c$라 하자. 그러면 $X_p{}' = 3ae^{3t} + b$이므로

$$3ae^{3t} + b = A(ae^{3t} + bt + c) + \begin{pmatrix} 1 \\ 0 \end{pmatrix} e^{3t} + \begin{pmatrix} 0 \\ 1 \end{pmatrix} t$$

이다. 미정계수법에 의하여 다음 조건을 얻는다.

$$3a = Aa + \begin{pmatrix} 1 \\ 0 \end{pmatrix}, \quad Ab + \begin{pmatrix} 0 \\ 1 \end{pmatrix} = 0, \quad b = Ac$$

이 방정식으로부터 $a=\begin{pmatrix}-3/7\\-2/7\end{pmatrix}$, $b=\begin{pmatrix}-1/2\\0\end{pmatrix}$, $c=\begin{pmatrix}0\\-1/16\end{pmatrix}$을 얻는다. 따라서 특이해는

$$X_p=\begin{pmatrix}-3/7\\-2/7\end{pmatrix}e^{3t}+\begin{pmatrix}-1/2\\0\end{pmatrix}t+\begin{pmatrix}0\\-1/16\end{pmatrix}=\begin{pmatrix}-3/7e^{3t}-1/2t\\-2/7e^{3t}-1/16\end{pmatrix}$$

이고, 일반해는

$$X=X_h+X_p=\begin{pmatrix}2c_1e^{4t}-2c_2e^{-4t}-3/7e^{3t}-1/2t\\c_1e^{4t}+c_2e^{-4t}-2/7e^{3t}-1/16\end{pmatrix}$$ ■

문제 1 $X'=\begin{pmatrix}-1&2\\-1&1\end{pmatrix}X+\begin{pmatrix}-8\\3\end{pmatrix}$의 해를 미정계수법으로 구하라.

문제 2 $X'=\begin{pmatrix}6&1\\4&3\end{pmatrix}X+\begin{pmatrix}6t\\-10t+4\end{pmatrix}$의 해를 미정계수법으로 구하라.

다음은 변수변환법에 의하여 $X'(t)=AX(t)+F(t)$의 특이해를 구하여 보자. 특이해를 $X_p(t)=\Phi(t)V(t)$라고 하면 $X_p'(t)=\Phi(t)'V(t)+\Phi(t)V(t)'$이다. 따라서

$$\Phi(t)'V(t)+\Phi(t)V(t)'=A\Phi(t)V(t)+F(t)$$

이다. $\Phi(t)'=A\Phi(t)$이므로 $\Phi(t)V(t)'=F(t)$이다. $\Phi(t)$는 역행렬이 존재하므로

$$V(t)'=\Phi(t)^{-1}F(t)$$

이다. $V(t)=\int\Phi(t)^{-1}F(t)dt$이므로 특이해는

$$X_p(t)=\Phi(t)\int\Phi(t)^{-1}F(t)dt$$

이다. 그러므로 일반해는 다음과 같다.

$$X(t)=X_h(t)+X_p(t)=\Phi(t)C+\Phi(t)\int\Phi(t)^{-1}F(t)dt$$

예제 2 $X'=\begin{pmatrix}-5&3\\2&-10\end{pmatrix}X+\begin{pmatrix}e^{-2t}\\1\end{pmatrix}$의 해를 구하라.

풀이 $\begin{pmatrix}-5 & 3\\ 2 & -10\end{pmatrix}$의 고유치와 고유벡터는 $\lambda_1=-11$, $\lambda_2=-4$, $v_1=\begin{pmatrix}-1\\2\end{pmatrix}$, $v_2=\begin{pmatrix}3\\1\end{pmatrix}$이다. 따라서

$$X_h=c_1\begin{pmatrix}-1\\2\end{pmatrix}e^{-11t}+c_2\begin{pmatrix}3\\1\end{pmatrix}e^{-4t}=\begin{pmatrix}-e^{-11t} & 3e^{-4t}\\ 2e^{-11t} & e^{-4t}\end{pmatrix}\begin{pmatrix}c_1\\c_2\end{pmatrix}$$

이고

$$\Phi(t)=\begin{pmatrix}-e^{-11t} & 3e^{-4t}\\ 2e^{-11t} & e^{-4t}\end{pmatrix}$$

이다.

$$\Phi(t)^{-1}=-\frac{1}{7}\begin{pmatrix}e^{-4t} & -3e^{-4t}\\ -2e^{-11t} & -e^{-11t}\end{pmatrix}e^{15t}=\frac{1}{7}\begin{pmatrix}-e^{11t} & 3e^{11t}\\ 2e^{4t} & e^{4t}\end{pmatrix}$$

이고

$$\Phi(t)^{-1}F(t)=\frac{1}{7}\begin{pmatrix}-e^{11t} & 3e^{11t}\\ 2e^{4t} & e^{4t}\end{pmatrix}\begin{pmatrix}e^{-2t}\\ 1\end{pmatrix}=\frac{1}{7}\begin{pmatrix}-e^{9t}+3e^{11t}\\ 2e^{2t}+e^{4t}\end{pmatrix}$$

이므로

$$V(t)=\int\Phi(t)^{-1}F(t)dt=\int\frac{1}{7}\begin{pmatrix}-e^{9t}+3e^{11t}\\ 2e^{2t}+e^{4t}\end{pmatrix}dt=\begin{pmatrix}-\frac{1}{63}e^{9t}+\frac{3}{77}e^{11t}\\ \frac{1}{7}e^{2t}+\frac{1}{28}e^{4t}\end{pmatrix}$$

이다. 따라서

$$\begin{aligned}X_p(t)&=\Phi(t)\int\Phi(t)^{-1}F(t)dt\\&=\begin{pmatrix}-e^{-11t} & 3e^{-4t}\\ 2e^{-11t} & e^{-4t}\end{pmatrix}\begin{pmatrix}-\frac{1}{63}e^{9t}+\frac{3}{77}e^{11t}\\ \frac{1}{7}e^{2t}+\frac{1}{28}e^{4t}\end{pmatrix}=\begin{pmatrix}\frac{3}{44}+\frac{4}{9}e^{-2t}\\ \frac{5}{44}+\frac{1}{9}e^{-2t}\end{pmatrix}\end{aligned}$$

이고

$$X(t)=X_h(t)+X_p(t)=\begin{pmatrix}-e^{-11t} & 3e^{-4t}\\ 2e^{-11t} & e^{-4t}\end{pmatrix}\begin{pmatrix}c_1\\c_2\end{pmatrix}+\begin{pmatrix}\frac{3}{44}+\frac{4}{9}e^{-2t}\\ \frac{5}{44}+\frac{1}{9}e^{-2t}\end{pmatrix}$$ ■

문제 3 $X'=\begin{pmatrix}-3 & 1\\ 2 & -4\end{pmatrix}X+\begin{pmatrix}3t\\ e^{-t}\end{pmatrix}$의 해를 변수변환법으로 구하라.

12.2 로트카-볼테라 방정식

생각해 보기

한 개체와 그 개체를 먹고 사는 천적 수는 서로 간에 영향을 미친다. 즉 천적이 늘어나면 먹이가 되는 개체 수는 줄어들고 그러면 다시 천적이 줄어든다. 천적이 줄어들면 먹이가 되는 개체 수는 다시 늘어난다. 이러한 과정은 끊임없이 반복된다. 두 개체 간의 관계를 나타내는 수학적 모델은 어떻게 나타날까?

시간 t에서 어떤 개체 수를 $x(t)$라 하고, $y(t)$는 이 개체를 잡아먹고 사는 천적의 개체 수라고 하자. 예를 들면 한 지역에 함께 사는 토끼와 여우, 물개와 상어 또는 쥐와 뱀 등이다. 상수 $a>0$를 $x(t)$의 출생률이라고 하자. 그러면 출생의 변화량 $\left(\frac{dx}{dt}\right)$는 현재의 개체 수($x(t)$)에 비례하므로

$$\frac{dx}{dt}=ax$$

이다. 상수 $c>0$를 $y(t)$의 사망률이라고 하자. 사망의 변화량 역시 현재의 개체 수에 비례하므로

$$\frac{dy}{dt}=-cy$$

이다.

먹이가 되는 개체와 천적의 개체 수는 서로 간에 영향을 미친다. 즉 천적 수가 늘어나면 먹이가 되는 개체 수가 줄어들고 그러면 다시 천적도 줄어든다. 천적이 줄어들면 다시 먹이가 되는 개체 수가 늘어난다. 이러한 과정이 생태계에서는 반복되어 인위적으로 조절하지 않는 한 생태계가 항상 건강하게 유지된다. 이것을 방정식으로 나타내면 다음과 같다.

$$\frac{dx}{dt}=ax-bxy,\quad \frac{dy}{dt}=-cy+dxy$$

정의 12.1 함수 f, g가 변수 t에 관하여 변하지 않으면 다음 방정식을 **자율계**(autonomous system)라고 한다.

$$\frac{dx}{dt} = f(x, y), \quad \frac{dy}{dt} = g(x, y)$$

이때 $f(x_0, y_0) = g(x_0, y_0) = 0$이 되는 점 (x_0, y_0)를 **균형점**이라고 한다.

예제 3 $x' = 2x - y$, $y' = -x + 3y$의 균형점은 $2x - y = 0$, $-x + 3y = 0$을 만족하는 점, 즉 $(0, 0)$이다. ■

함수 $z = F(x, y)$의 (x_0, y_0)에서 접평면은

$$z = F_x(x_0, y_0)(x - x_0) + F_y(x_0, y_0)(y - y_0) + F(x_0, y_0)$$

이다. 따라서

$$f(x, y) \approx f_x(x_0, y_0)(x - x_0) + f_y(x_0, y_0)(y - y_0) + f(x_0, y_0)$$
$$g(x, y) \approx g_x(x_0, y_0)(x - x_0) + g_y(x_0, y_0)(y - y_0) + g(x_0, y_0)$$

가 된다. $\frac{dx}{dt} = f(x, y)$, $\frac{dy}{dt} = g(x, y)$의 균형점을 (x_0, y_0)라고 하면

$$f(x, y) \approx f_x(x_0, y_0)(x - x_0) + f_y(x_0, y_0)(y - y_0)$$
$$g(x, y) \approx g_x(x_0, y_0)(x - x_0) + g_y(x_0, y_0)(y - y_0)$$

이다. 따라서 $\frac{dx}{dt} = f(x, y)$, $\frac{dy}{dt} = g(x, y)$는 다음과 같이 선형화시킬 수 있다.

$$\begin{pmatrix} x' \\ y' \end{pmatrix} = \begin{pmatrix} f_x(x_0, y_0) & f_y(x_0, y_0) \\ g_x(x_0, y_0) & g_y(x_0, y_0) \end{pmatrix} \begin{pmatrix} x - x_0 \\ y - y_0 \end{pmatrix}$$
$$= \begin{pmatrix} f_x(x_0, y_0) & f_y(x_0, y_0) \\ g_x(x_0, y_0) & g_y(x_0, y_0) \end{pmatrix} \begin{pmatrix} x \\ y \end{pmatrix} - \begin{pmatrix} f_x(x_0, y_0)x_0 + f_y(x_0, y_0)y_0 \\ g_x(x_0, y_0)x_0 + g_y(x_0, y_0)y_0 \end{pmatrix}$$

여기서 계수행렬 $\begin{pmatrix} f_x(x_0, y_0) & f_y(x_0, y_0) \\ g_x(x_0, y_0) & g_y(x_0, y_0) \end{pmatrix} \equiv J(x_0, y_0)$를 **제이코비 행렬**이라고 한다. 이것을 **비선형방정식의 선형화**라 한다.

먹이가 되는 개체와 천적의 개체 수를 나타내는 방정식에 초기치가 주어진 다음과 같은 연립방정식을 **로트카-볼테라(Lotka-Volterra) 방정식**이라고 한다.

$$\frac{dx}{dt} = ax - bxy, \quad \frac{dy}{dt} = -cy + dxy$$
$$x(0) = x_0, \quad y(0) = y_0$$

$\frac{dx}{dt} = \frac{dy}{dt} = 0$이라고 하면 $ax - bxy = x(a - by) = 0$, $-cx + dxy = y(-c + dx) = 0$이므로

$$x = 0 \text{ 또는 } y = \frac{a}{b}, \quad y = 0 \text{ 또는 } x = \frac{C}{D}$$

이다. 점 (0, 0), $\left(\frac{c}{d}, \frac{a}{b}\right)$는 균형점으로 이 점에서 개체 수의 변화가 없다. 제이코비 행렬은

$$J(x, y) = \begin{pmatrix} a - by & -bx \\ dy & -c + dx \end{pmatrix}$$

이다. $J(0, 0) = \begin{pmatrix} a & 0 \\ 0 & -c \end{pmatrix}$의 고유치는 $-c$, a이고, $J\left(\frac{c}{d}, \frac{a}{b}\right) = \begin{pmatrix} 0 & -bc/d \\ ad/b & 0 \end{pmatrix}$의 고유치는 $\pm i\sqrt{ac}$이다.

예제 4 $a = 2$, $b = 1$, $c = 3$, $d = 1$이고 $x(0) = \frac{3}{2}$, $y(0) = 1$에서 각 개체의 변화와 관계를 살펴보라.

풀이 $a = 2$, $b = 1$, $c = 3$, $d = 1$이면 균형점은 (0, 0), (3, 2)이다. 점 (3, 2)에서 선형화된 방정식은

$$\begin{pmatrix} x' \\ y' \end{pmatrix} = \begin{pmatrix} 0 & -3 \\ 2 & 0 \end{pmatrix}\begin{pmatrix} x \\ y \end{pmatrix} + \begin{pmatrix} 6 \\ -6 \end{pmatrix}$$

이다. 고유치는 $\lambda = \pm\sqrt{6}\,i$이고 고유벡터는 $\begin{pmatrix} \sqrt{6} \\ 0 \end{pmatrix} \pm \begin{pmatrix} 0 \\ -2 \end{pmatrix} i$이므로

$$X_h = c_1\left[\begin{pmatrix} \sqrt{6} \\ 0 \end{pmatrix}\cos\sqrt{6}\,t - \begin{pmatrix} 0 \\ -2 \end{pmatrix}\sin\sqrt{6}\,t\right]$$
$$+ c_2\left[\begin{pmatrix} \sqrt{6} \\ 0 \end{pmatrix}\sin\sqrt{6}\,t + \begin{pmatrix} 0 \\ -2 \end{pmatrix}\cos\sqrt{6}\,t\right]$$
$$= \begin{pmatrix} c_1\sqrt{6}\cos\sqrt{6}\,t + c_2\sqrt{6}\sin\sqrt{6}\,t \\ 2c_1\sin\sqrt{6}\,t - 2c_2\cos\sqrt{6}\,t \end{pmatrix}, \quad X_p = \begin{pmatrix} 3 \\ 2 \end{pmatrix}$$

이므로 일반해는

$$\begin{pmatrix} x \\ y \end{pmatrix} = \begin{pmatrix} c_1\sqrt{6}\cos\sqrt{6}\,t + c_2\sqrt{6}\sin\sqrt{6}\,t + 3 \\ 2c_1\sin\sqrt{6}\,t - 2c_2\cos\sqrt{6}\,t + 2 \end{pmatrix}$$

이다. 초기치가 $x(0) = \frac{3}{2}$, $y(0) = 1$이면 $c_1 = -\frac{\sqrt{6}}{4}$, $c_2 = \frac{1}{2}$이므로 해는

$$x(t) = -\frac{3}{2}\cos\sqrt{6}\,t + \frac{\sqrt{6}}{2}\sin\sqrt{6}\,t + 3,$$

$$y(t) = -\frac{\sqrt{6}}{2}\sin\sqrt{6}\,t - \cos\sqrt{6}\,t + 2$$

이다. 시간에 관한 $x(t)$, $y(t)$의 그래프와 x, y에 관한 그래프 $(x(t),\ y(t))$는 다음과 같다.

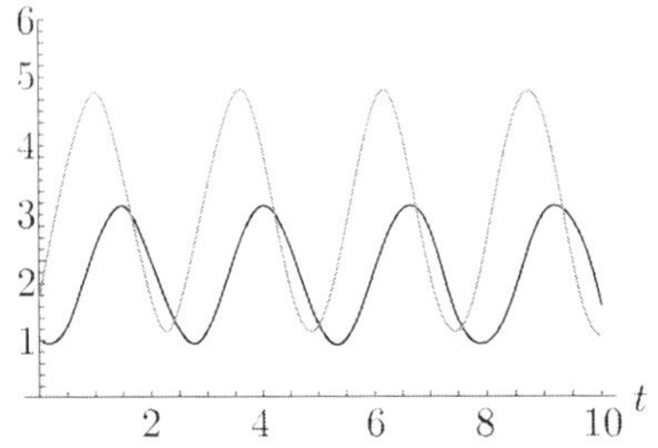

시간에 관한 $x(t)$, $y(t)$의 그래프

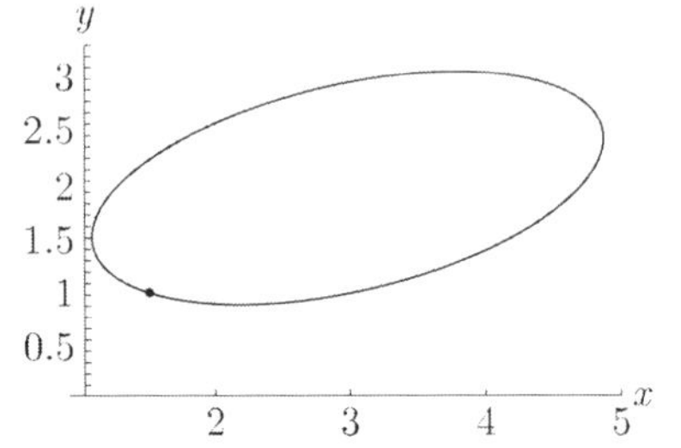

x, y에 관한 그래프 $(x(t),\ y(t))$

[그림 12.1]

그림에서 보듯이 두 개체의 증감은 일정한 시간을 두고 주기적으로 변함을 알 수 있다. 즉 외부의 다른 환경이 주어지지 않는 한 그 생태계는 어느 한 쪽이 소멸하지 않고 보존된다. ■

제12장 연습문제

1. 다음 연립미분방정식의 해를 미정계수법 또는 변수변환법으로 구하라.

(1) $X' = \begin{pmatrix} 2 & 3 \\ -1 & -2 \end{pmatrix} X + \begin{pmatrix} -7 \\ 5 \end{pmatrix}$

(2) $X' = \begin{pmatrix} 3 & 8 \\ 2 & 9 \end{pmatrix} X + \begin{pmatrix} t^2 \\ 1 \end{pmatrix}$

(3) $X' = \begin{pmatrix} 4 & 1/3 \\ 9 & 6 \end{pmatrix} X + \begin{pmatrix} -3 \\ 10 \end{pmatrix} e^{-t}$

(4) $X' = \begin{pmatrix} 2 & 2 \\ 3 & 1 \end{pmatrix} X + \begin{pmatrix} e^{-4t} \\ e^{t} \end{pmatrix}$

(5) $X' = \begin{pmatrix} -5 & 6 \\ 0 & -7 \end{pmatrix} X + \begin{pmatrix} 1 \\ t \end{pmatrix}$

(6) $X' = \begin{pmatrix} -1 & 5 \\ -1 & 1 \end{pmatrix} X + \begin{pmatrix} \sin t \\ -2\cos t \end{pmatrix}$

2. 다음 초기치 연립미분방정식의 해를 미정계수법 또는 변수변환법으로 구하라.

(1) $X' = \begin{pmatrix} -1 & -2 \\ 3 & 4 \end{pmatrix} X + \begin{pmatrix} 3 \\ 3 \end{pmatrix}, \ X(0) = \begin{pmatrix} -4 \\ 5 \end{pmatrix}$

(2) $X' = \begin{pmatrix} 0 & 1 \\ -3 & -4 \end{pmatrix} X + \begin{pmatrix} 0 \\ \sin t \end{pmatrix}, \ X(0) = \begin{pmatrix} 0 \\ 1 \end{pmatrix}$

(3) $X' = \begin{pmatrix} -1 & 3 \\ 0 & 2 \end{pmatrix} X + \begin{pmatrix} t \\ 0 \end{pmatrix}, \ X(0) = \begin{pmatrix} 0 \\ 0 \end{pmatrix}$

(4) $X' = \begin{pmatrix} 3 & -1 \\ 4 & -1 \end{pmatrix} X + \begin{pmatrix} \cos t \\ \sin t \end{pmatrix}, \ X(0) = \begin{pmatrix} 0 \\ 0 \end{pmatrix}$

알아야 할 미분적분학의 주요사항

미분

$(x^n)' = nx^{n-1}$

$(\ln x)' = \dfrac{1}{x}$

$(e^x)' = e^x$

$(a^x)' = a^x \ln a$

$(\cos x)' = -\sin x$

$(\sin x)' = \cos x$

$(\tan x)' = \sec^2 x$

$(\cot x)' = -\csc^2 x$

$(\sec x)' = \sec x \tan x$

$(\csc x)' = -\csc x \cot x$

$(\sin^{-1} x)' = \dfrac{1}{\sqrt{1-x^2}}$

$(\tan^{-1} x)' = \dfrac{1}{1+x^2}$

$(\cos^{-1} x)' = -\dfrac{1}{\sqrt{1-x^2}}$

적분

$\int x^n dx = \dfrac{1}{n+1} x^{n+1} + c,\ n \neq -1$

$\int \dfrac{1}{x} dx = \ln|x| + c$

$\int e^x dx = e^x + c$

$\int a^x dx = \dfrac{1}{\ln a} a^x + c$

$\int \sin x dx = -\cos x + c$

$\int \cos x dx = \sin x + c$

$\int \tan x dx = \ln|\sec x| + c$

$\int \cot x dx = \ln|\sin x| + c$

$\int \sec x dx = \ln|\sec x + \tan x| + c$

$\int \csc x dx = \ln|\csc x - \cot x| + c$

$\int \sec^2 x dx = \tan x + c$

$\int \csc^2 x\, dx = -\cot x + c$

$\int \sec x \tan x\, dx = \sec x + c$

$\int \csc x \cot x\, dx = -\csc x + c$

$\int \dfrac{1}{\sqrt{1-x^2}} dx = \sin^{-1} x + c$

$\int \dfrac{1}{1+x^2} dx = \tan^{-1} x + c$

$\int \dfrac{1}{1-x^2} dx = \dfrac{1}{2} \ln\left|\dfrac{x+1}{x-1}\right| + c$

$\int u dv = uv - \int v du$

$$\int e^{at}\sin kt\,dt = \frac{a}{a^2+k^2}\left[\sin kt - \frac{k}{a}\cos kt\right]e^{at}$$

$$\int e^{at}\cos kt\,dt = \frac{a}{a^2+k^2}\left[\cos kt + \frac{k}{a}\sin kt\right]e^{at}$$

지수 및 로그함수

$\ln y = x \Leftrightarrow y = e^x$

$\ln 1 = 0,\ \ln e = 1$

$\ln(xy) = \ln x + \ln y,\ \ln\left(\frac{x}{y}\right) = \ln x - \ln y$

$\ln e^x = x,\ e^{\ln x} = x,\ \ln x^n = n\ln x$

$e^{x+y} = e^x e^y,\ e^{x-y} = \frac{e^x}{e^y}$

삼각함수

$1^0 = \frac{\pi}{180}(\text{radian}),\ 1(\text{radian}) = \frac{180°}{\pi}$

$\tan x = \frac{\sin x}{\cos x}.\ \cot x = \frac{1}{\tan x}$

$\sec x = \frac{1}{\cos x},\ \csc x = \frac{1}{\sin x}$

$\sin 0 = 0, \cos 0 = 1,\ \tan 0 = 0$

$\sin\frac{\pi}{6} = \frac{1}{2}, \cos\frac{\pi}{6} = \frac{\sqrt{3}}{2}, \tan\frac{\pi}{6} = \frac{1}{\sqrt{3}}$

$\sin\frac{\pi}{4} = \frac{1}{\sqrt{2}}, \cos\frac{\pi}{4} = \frac{1}{\sqrt{2}},\ \tan\frac{\pi}{4} = 1$

$\sin\frac{\pi}{3} = \frac{\sqrt{3}}{2}, \cos\frac{\pi}{3} = \frac{1}{2},\ \tan\frac{\pi}{3} = \sqrt{3}$

$\sin\frac{\pi}{2} = 1, \cos\frac{\pi}{2} = 0,\ \tan\frac{\pi}{2} = \infty$

$\sin(-x) = -\sin x,\ \cos(-x) = \cos x$

$\sin(\pi - x) = \sin x,\ \cos(\pi - x) = -\cos x$

$\sin\left(\frac{\pi}{2} - x\right) = \cos x,\ \cos\left(\frac{\pi}{2} - x\right) = \sin x$

$\sin^2 x + \cos^2 x = 1$

$1 + \tan^2 x = \sec^2 x$

$1 + \cot^2 x = \csc^2 x$

$\sin 2x = 2\sin x\cos x$

$\cos 2x = 1 - 2\sin^2 x = 2\cos^2 x - 1$

$\tan 2x = \frac{2\tan x}{1 - \tan^2 x}$

$\sin^2\frac{x}{2} = \frac{1 - \cos x}{2}$

$\cos^2\frac{x}{2} = \frac{1 + \cos x}{2}$

$\sec x = \frac{1}{\cos x},\ \csc x = \frac{1}{\sin x},\ \cot x = \frac{1}{\tan x}$

$\sin(x \pm y) = \sin x\cos y \pm \cos x\sin y$

$\cos(x \pm y) = \cos x\cos y \mp \sin x\sin y$

주요 라플라스 변환

f(t)	F(s)
1	$\frac{1}{s},\ s>0$
e^{at}	$\frac{1}{s-a},\ s>a$
$\sin kt$	$\frac{k}{s^2+k^2}$
$\cos kt$	$\frac{s}{s^2+k^2}$
$t^n,\ n=1,\ 2,\ \cdots$	$\frac{n!}{s^{n+1}},\ s>0$
$t^n e^{at},\ n=1,\ 2,\ \cdots$	$\frac{n!}{(s-a)^{n+1}}$
$e^{at}\sin kt$	$\frac{k}{(s-a)^2+k^2}$
$e^{at}\cos kt$	$\frac{s-a}{(s-a)^2+k^2}$

$L[f(t)]=\int_0^{\infty} e^{-st}f(t)dt=F(s)$

$L[af(t)+bg(t)]=aL[f(t)]+bL[g(t)]$

$L[f(t)]=F(s)\Leftrightarrow f(t)=L^{-1}[F(s)]$

$L[e^{at}f(t)]=F(s-a)$

$L[t^n f(t)]=(-1)^n\frac{d^n F}{ds^n}(s)$

$L[(f*g)(t)]=F(s)G(s)$

$L[u(t-a)]=\frac{e^{-as}}{s}$

$L[f(t-a)u(t-a)]=e^{-as}F(s)$

$L[f(t)u(t-a)]=e^{-as}L[f(t+a)]$

$L[\delta(t-t_0)]=e^{-st_0}$

$L[\int_0^t f(x)dx]=\frac{L[f(t)]}{s}$

$L[f(t)]=\frac{1}{1-e^{-sT}}\int_0^T e^{-st}f(t)dt,\ f(t-T)=f(t)$

$L[f'(t)]=sF(s)-f(0)$

$L[f''(t)]=s^2F(s)-sf(0)-f'(0)$

$L[f^{(n)}(t)]=s^nF(s)-s^{n-1}f(0)-\cdots-sf^{(n-2)}(0)-f^{(n-1)}(0)$

참고문헌

Martha. L. Abell & James. P. Braselton, Modern differential Equations, Saunders College Publishing, 1996

C. Henry Edwards & David E. Penny, Differential Equations, 2nd, Prentice Hall, 2000

R. Kent Nagle & Edwad B. Saff, Fundamental of Differential Equations, 3ed, Addison-Wesley, 1994

Dennis. G. Zill, A First Course in Differential Equations, 8ed, Brooks/Cole, 2005

Dennis. G. Zill & Michael R. Cullen, Differential Equations with Boundary Value Problems, 5nd, Brooks/Cole, 2001

문제 및 연습문제 해답

문제 해답

제1장

문제 1. $\dfrac{d^2s}{dt^2}=g$, $s(0)=s'(0)=10$, $s=\dfrac{1}{2}gt^2+10t$

문제 2. 양수일 때는 아래로 던지는 것, 음수일 때는 위로 던지는 것

문제 3. $\dfrac{dp}{dt}=2p$, $p(0)=10$, $p(t)=10e^{2t}$, $p(5)=10e^{10}=220264$

문제 4. $1/2y_0=y_0e^{-t}$, $t=\ln 2$로 약 8달 후

문제 5. $x=\sqrt{2}\sin(4t+\pi/4)$

문제 6. $\dfrac{d^2x}{dt^2}+x=0$, $x(0)=1, x'(0)=0$, $x=\cos t$

문제 7. (1) 상미분　　(3) 상미분

문제 8. (1) 1　　(3) 3

문제 9. (1) 비선형　　(3) 선형

제2장

문제 1.

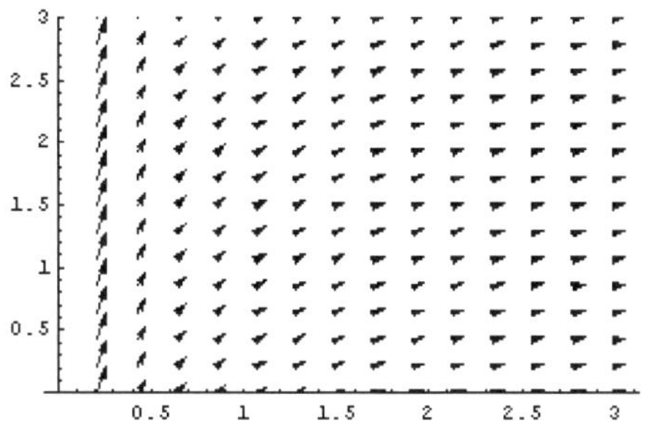

문제 2. 위 그래프에 $x=c$의 그래프를 그리면 된다.

문제 3. (1) 유일하다.

제3장

문제 1. (1) $y=x^3+x^2+x+c$　　(3) $y=\sin x+1$

문제 2. (1) $\sin x+\cos y=c$　　(3) $x^2+y^2=5$

문제 3. (1) 2　　(3) 3

문제 4. (1) $x\ln|x|+y=cx$　　(3) $4y^9=(x^3+y^3)^2$

문제 5. (1) $x\sin y+y\sin x=c$　　(3) $\sin^2 x+y^2(1-x^2)=4$

문제 6. (1) $y=(-x\cos x+\sin x+c)/x$　(3) $y=x^2(\sin x-1)$

제 4 장

문제 2. 변수분리법에 의해 $y(t)=y_0e^{kt}$.

$$k=-\frac{\ln 2}{100}=-0.0069$$

문제 3. $a=0.3,\ b=0.025,\ c=20,\ p_0=4$를 해에 대입한다.

문제 4. (1) $\dfrac{dT}{dt}=k(27-T),\ T(0)=27$

(3) 93도짜리

(5) 이론적으로 정확히 같은 것은 불가능

제 5 장

문제 1. (1) 종속　　(3) 종속

문제 2. (1) e^x　　(3) 0

문제 3. (1) 각각 해가 됨을 보이고 론스키안이 0임을 보여라.

문제 4. (1) $y=c_1e^{-x}+c_2e^{2x}$

문제 5. (1) 대입해서 $3x$가 됨을 보여라.　　(3) $y=c_1e^x+c_2e^{2x}+c_3e^{3x}-\dfrac{1}{2}x-\dfrac{11}{12}$

문제 6. (1) $y=x^2\ln x$　　(3) $y=-\dfrac{1}{5x^2}$

제 6 장

문제 1. (1) 차수 줄이기에서 $2m=-\dfrac{b}{a}$임을 이용하라.

(3) 두 해 $y_1=e^{\alpha x}(\cos\beta x+i\sin\beta x)$, $y_2=e^{\alpha x}(\cos\beta x-i\sin\beta x)$의 합과 차도 기본해임을 이용하라.

문제 2. (1) $y=c_1e^{-2x}+c_2e^x$　　(3) $y=(c_1+c_2x)e^{-3x}$

문제 3. (1) $y=(c_1x+c_2x+c_3x^2)e^x$　　(3) $y=\dfrac{1}{3}-(\dfrac{1}{3}+x)e^{-6x}$

문제 4. (1) $y=c_1e^{\frac{1}{2}x}+c_2e^{-3x}-\dfrac{1}{3}x-\dfrac{5}{9}$　　(3) $y=(c_1+c_2x)e^{-3x}+\dfrac{1}{4}e^{-x}$

문제 5. (1) $y=c_1e^{\frac{1}{2}x}+c_2e^{-3x}-\dfrac{14}{21}x-\dfrac{70}{63}$　　(3) $y=c_1e^{2x}+c_2e^{5x}-\dfrac{1}{2}e^{3x}$

제 7 장

문제 1. (1) $c_1 = \dfrac{-b+a(\sqrt{\lambda^2-\omega^2}-\lambda)}{2\sqrt{\lambda^2-\omega^2}}$, $c_2 = \dfrac{b+a(\sqrt{\lambda^2-\omega^2}+\lambda)}{2\sqrt{\lambda^2-\omega^2}}$

문제 2. (1) $c_1 = a,\ c_2 = b+\lambda a$

문제 3. (1) $c_1 = a,\ c_2 = \dfrac{b+a\lambda}{\sqrt{\lambda^2-\omega^2}}$

문제 4. (1) $x_p = A\cos\gamma t + B\sin\gamma t$로 놓고 계수를 구하라.

(3) $x_p = At\cos\gamma t + Bt\sin\gamma t$로 놓고 계수를 구하라.

(5) 로피탈 정리를 사용하라.

제 8 장

문제 1. (1) $\displaystyle\int_0^\infty e^{-st}e^{-t}dt = \int_0^\infty e^{-(s+1)t}dt = \frac{1}{s+1}$

(3) $\displaystyle\int_0^\infty e^{-st}t^2dt = -\frac{1}{s}\int_0^\infty t^2d(e^{-st}) = \frac{2}{s^3}$

문제 2. (1) $\dfrac{s}{s^2+4}+\dfrac{9}{s^2+9}$ (3) $-\dfrac{1}{s^2}(e^{-2s}-1)$

문제 3. (1) $\dfrac{1}{(s+1)^2+1}$ (3) $\dfrac{2}{(s+1)^3}$

문제 4. (1) $\dfrac{-4(s^2+4)+16s^2}{(s^2+4)^3}$ (3) $-\dfrac{2s+2}{[(s+1)^2+1]^2}$

문제 5. (1) $\dfrac{12}{s^4}+\dfrac{3}{s^2+9}$ (3) $\dfrac{n!}{(s+k)^{n+1}}$

문제 6. (1) $\dfrac{1-e^{-s}}{s}$ (3) $-\dfrac{e^{-2\pi s}+e^{-\pi s}}{s^2+1}$

문제 7. (1) 2 (3) te^t

문제 8. (1) $\dfrac{1}{s(s-1)}$ (3) $\dfrac{1}{s[(s+1)^2+1]}$

문제 9. (1) $y = -\dfrac{1}{3}(e^{-t}-e^{2t})$ (3) $y = \dfrac{3}{5}e^t - \dfrac{2}{5}e^{-t} - \dfrac{1}{5}\cos 2t$

제 9 장

문제 1. (1) $\dfrac{e^{s-2}}{s-2}$ (3) $-e^{-\pi s}\left(\dfrac{2s}{(s^2+1)^2}+\dfrac{\pi}{s^2+1}\right)$

문제 2. (1) $\dfrac{1-2e^s}{s}$ (3) $-\dfrac{e^{\pi s}+e^{2\pi s}}{s^2+1}$

문제 3. (1) $y = \sin(t-2\pi)u(t-2\pi)$ (3) $f(t) = \dfrac{1}{3}\cos 3t\,u\left(t-\dfrac{\pi}{2}\right)$

문제 4. (1) $y=(5-5e^{-(t-1)})u(t-1)$ (3) $y=\begin{cases}\dfrac{1}{4}\sin 4t+\dfrac{1}{8}t\sin 4t, & 0\le t<\pi\\ \dfrac{2+\pi}{8}\sin 4t, & \pi\le t\end{cases}$

문제 5. (1) $y=e^{3(t-2)}u(t-2)$ (3) $y=(e^{\pi-t}-e^{2\pi-2t})u(t-\pi)$

문제 6. (1) $\dfrac{s+1}{s[(s+1)^2+1]}$ (3) $\dfrac{6}{s^5}$ (5) $e^{-t}+t-1$

문제 7. (1) $x=-e^{2t}+2e^{3t}$ (3) $x=2e^{3t}+\dfrac{1}{12}t^4e^{3t}$

제 10 장

문제 1. (1) $y=(c_1+c_2x)e^{3x}$

문제 2. (1) $y=-e^{2t}+e^{3t}$

문제 4. CLXI =161, XV=15, $161\times 15=2415$, 2415=MMCCCCXV.

따라서 LXIII × XXIV = MMCCCCXV

문제 5. $x=y+1$로 치환하면 $y^7+7y^6+19y^5+25y^4+15y^3+11y^2+17y+8=0$이 됨.

제 11 장

문제 1. (1) 5

문제 2. (1) 0

문제 3. (1) 일차독립

문제 4. (1) 2, 3, $\begin{pmatrix}1\\1\end{pmatrix}$, $\begin{pmatrix}1\\2\end{pmatrix}$

문제 5. 론스키안이 0이 아님을 보이면 됨.

문제 6. (1) $X=c_1\begin{pmatrix}1\\-1\end{pmatrix}+c_2\begin{pmatrix}3\\2\end{pmatrix}e^{4t}$

(3) $X=c_1\begin{pmatrix}1\\1\\0\end{pmatrix}e^{-t}+c_2\begin{pmatrix}0\\1\\1\end{pmatrix}e^{-t}+c_3\begin{pmatrix}1\\-1\\1\end{pmatrix}e^{5t}$

제 12 장

문제 1. $X=c_1\begin{pmatrix}\cos t+\sin t\\ \cos t\end{pmatrix}+c_2\begin{pmatrix}\cos t-\sin t\\ -\sin t\end{pmatrix}+\begin{pmatrix}14\\11\end{pmatrix}$

문제 2. $X=c_1\begin{pmatrix}1\\-4\end{pmatrix}e^{2t}+c_2\begin{pmatrix}1\\1\end{pmatrix}e^{7t}+\begin{pmatrix}-2\\6\end{pmatrix}t+\begin{pmatrix}-4/7\\10/7\end{pmatrix}$

문제 3. $X=c_1\begin{pmatrix}1\\1\end{pmatrix}e^{-2t}+c_2\begin{pmatrix}1\\-2\end{pmatrix}e^{-5t}+\begin{pmatrix}6/5\\3/5\end{pmatrix}t-\begin{pmatrix}27/50\\21/50\end{pmatrix}+\begin{pmatrix}1/4\\1/2\end{pmatrix}e^{-t}$

연습문제 해답

제1장

1. $\dfrac{d^2s}{dt^2}=g$, $s(0)=s_0$, $s'(0)=v_0$, $s=\dfrac{1}{2}gt^2+v_0t+s_0$
2. 20초
3. 약 403배
4. $x=\sqrt{A^2+B^2}\sin(\omega t+\phi)$, $\tan\phi=\dfrac{B}{A}$
5. $\dfrac{d^2x}{dt^2}+\omega^2x=0$, $x(0)=s_0$, $x'(0)=v_0$
6. 안 준다.
7. 준다.

제2장

1. (1) 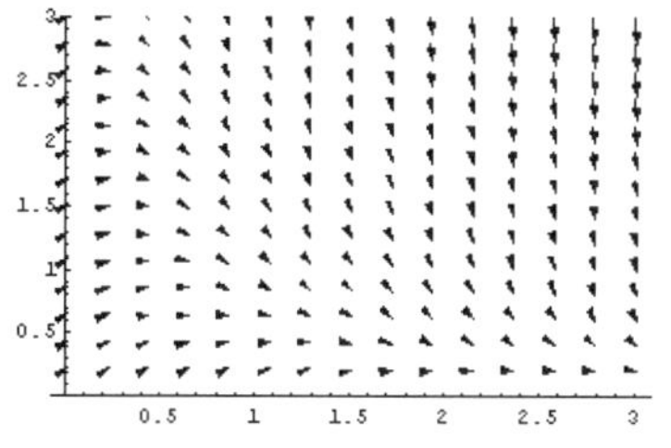

(3) 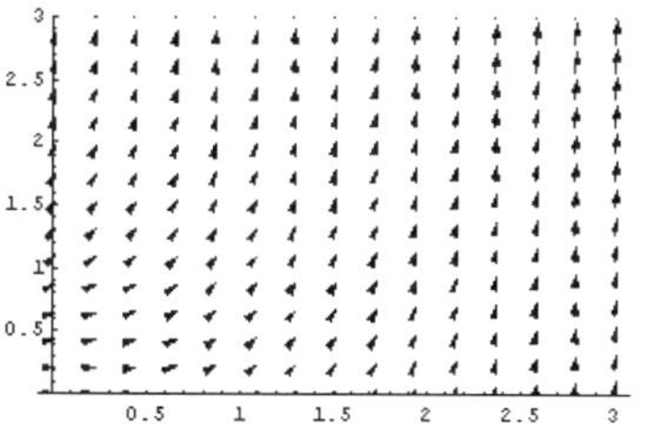

2. 정리 2.5에 의해 유일함.
3. (1) $y>0$ 또는 $y<0$ (3) $(0, 0)$을 제외한 영역
4. $y=0$, $y=x^3$

제3장

1. (1) $y=x+\ln(x-1)^4+c$ (3) $y=\dfrac{c}{x+1}$ (5) $-3e^{-2y}=2e^{3x}+5$
2. (1) $x^2+2xy=c$ (3) $4x=y(\ln|y|-c)^2$ (5) $y^2=4x(x+y)^2$
3. (1) $y=x^3+c$ (3) $y=\dfrac{c}{x^3-1}$ (5) $x^2\sin y-y=1$
4. (1) $y=x^3(e^x+c)$ (3) $x=3y^2+cy$ (5) $y=(x^2+1)^2(x^2-2x+3)e^x$
5. (1) 2분 (3) 존재하지 않는다.

제5장

1. (1) 독립 (3) 독립 (5) $m=n$이면 종속, $m\neq n$이면 독립
2. (1) 독립 (3) 독립
3. 각각 해가 됨을 보이고 론스키안이 0임을 보여라.
4. (1) $y=-x^2$ (3) $y=\frac{1}{3}\sin 3x$ (5) $y=-\frac{1}{2}e^{-4x}$

제6장

1. (1) $y=c_1e^{\frac{1}{2}x}+c_2e^{-3x}$ (3) $y=c_1+c_2e^{-\frac{1}{9}x}$ (5) $y=c_1e^{2x}+c_2e^{-3x}$
2. (1) $y=(c_1+c_2x)e^x$ (3) $y=c_1e^{2x}+c_2e^{-2x}$ (5) $y=c_1e^{\frac{1}{2}x}+c_2e^{-\frac{1}{2}x}$
3. (1) $y=c_1\cos 4x+c_2\sin 4x$ (3) $y=e^{-\frac{1}{2}x}(c_1\cos x+c_2\sin x)$
4. (1) $y=c_1e^x+e^{-\frac{1}{2}x}\left(c_2\cos\frac{\sqrt{3}}{2}x+c_3\sin\frac{\sqrt{3}}{2}x\right)$

   (3) $y=c_1+c_2e^{2x}+c_3e^{-2x}+c_4\cos 2x+c_5\sin 2x$

   (5) $y=c_1e^{\sqrt{5}x}+c_2e^{-\sqrt{5}x}+c_3\cos\sqrt{5}x+c_4\sin\sqrt{5}x$
5. (1) $y=-\frac{3}{4}e^{-5x}+\frac{3}{4}e^{-x}$ (3) $y=-e^{x/2}\cos(x/2)+e^{x/2}\sin(x/2)$
6. (1) $y=\frac{5}{8}e^{-8x}+\frac{5}{8}e^{8x}-\frac{1}{4}$ (3) $y=e^{-3x}+6x-1$

   (5) $y=\frac{3}{2}-e^{-4x}-\frac{1}{4}\cos x+\sin x$
7. (1) $y=c_1\cos 3x+c_2\sin 3x-\frac{1}{12}x\cos 3x+\frac{1}{36}\sin 3x\ln|3x|$

   (3) $y=(c_1+c_2x)e^{-x}+\frac{1}{2}x^2e^{-x}\ln x-\frac{3}{4}x^2e^{-x}$

제8장

1. (1) $\frac{3}{s+1}$ (3) $\frac{1}{s}(1-e^{-2s})$
2. (1) $\frac{10}{s-3}$ (3) $\frac{s}{s^2+4}+\frac{3}{s^2+9}$ (5) $\frac{2a+bs+cs^2}{s^3}$
3. (1) $\frac{2}{(s+3)^2}$ (3) $\frac{s+2}{(s+2)^2+16}$ (5) $\frac{1}{s+3}+\frac{s-1}{(s-1)^2+16}$
4. (1) $\frac{1}{2}t^2e^{-6t}$ (3) $1-e^{-t}$ (5) $e^{-2t}\left(\cos 2t-\frac{1}{2}\sin 2t\right)$
5. (1) $\frac{1}{s(s+1)}$ (3) $\frac{2}{(s^2+1)^2}$
6. (1) $y=e^{2t}(\cos 2t-\sin 2t)$ (3) $y=\frac{1}{6}t^3e^{-t}-2te^{-t}$ (5) $y=\frac{1}{8}\sin 2t-\frac{1}{4}t\cos 2t$

제9장

1. (1) $\dfrac{e^{-2s}}{s^2}+\dfrac{2e^{-2s}}{s}$ (3) $\dfrac{s}{s^2+4}e^{-\pi s}$

2. (1) $\dfrac{1}{2}(t-2)^2u(t-2)$ (3) $-\sin t u(t-\pi)$

3. (1) $\dfrac{48}{s^8}$ (3) $\dfrac{1}{s(s-1)}$

4. (1) $-\dfrac{1}{3}e^{-t}+\dfrac{1}{3}e^{2t}$ (3) $\dfrac{1}{2}t\sin t$

5. (1) $y=\cos t-\dfrac{1}{2}\sin t-\dfrac{1}{2}t\cos t$

(3) $y=-\dfrac{1}{4}+\dfrac{1}{2}t+\dfrac{1}{4}e^{-2t}-\dfrac{1}{4}u(t-1)-\dfrac{1}{2}(t-1)u(t-1)+\dfrac{1}{4}e^{-2(t-1)}u(t-1)$

제11장

1. (1) $X=c_1\begin{pmatrix}1\\2\end{pmatrix}e^{5t}+c_2\begin{pmatrix}1\\-1\end{pmatrix}e^{-t}$ (3) $X=c_1\begin{pmatrix}5\\2\end{pmatrix}e^{8t}+c_2\begin{pmatrix}1\\4\end{pmatrix}e^{-10t}$

(5) $X=c_1\begin{pmatrix}\cos t\\2\cos t+\sin t\end{pmatrix}e^{4t}+c_2\begin{pmatrix}\sin t\\2\sin t-\cos t\end{pmatrix}e^{4t}$

(7) $X=c_1\begin{pmatrix}5\cos 3t\\4\cos 3t+3\sin 3t\end{pmatrix}+c_2\begin{pmatrix}5\sin 3t\\4\sin 3t-3\cos 3t\end{pmatrix}$

(9) $X=c_1\begin{pmatrix}1\\3\end{pmatrix}+c_2\left\{\begin{pmatrix}1\\3\end{pmatrix}t+\begin{pmatrix}1/4\\-1/4\end{pmatrix}\right\}$

(11) $X=c_1\begin{pmatrix}1\\1\end{pmatrix}e^{2t}+c_2\left\{\begin{pmatrix}1\\1\end{pmatrix}t+\begin{pmatrix}-1/3\\0\end{pmatrix}\right\}e^{2t}$

2. (1) $X=\begin{pmatrix}4\\4\end{pmatrix}e^{2t}-\begin{pmatrix}4\\0\end{pmatrix}e^{t}$ (3) $X=\left\{\begin{pmatrix}8\\0\end{pmatrix}+\begin{pmatrix}0\\16\end{pmatrix}t\right\}e^{4t}$

(5) $X=\begin{pmatrix}-8\\0\end{pmatrix}\sin 4t+\begin{pmatrix}0\\8\end{pmatrix}\cos 4t$

제12장

1. (1) $X=c_1\begin{pmatrix}-1\\1\end{pmatrix}e^{-t}+c_2\begin{pmatrix}-3\\1\end{pmatrix}e^{t}+\begin{pmatrix}-1\\3\end{pmatrix}$

(3) $X=c_1\begin{pmatrix}1\\-3\end{pmatrix}e^{3t}+c_2\begin{pmatrix}1\\9\end{pmatrix}e^{7t}+\begin{pmatrix}55/36\\-19/4\end{pmatrix}e^{t}$

(5) $X=c_1\begin{pmatrix}-3\\1\end{pmatrix}e^{-7t}+c_2\begin{pmatrix}1\\0\end{pmatrix}e^{-5t}+\begin{pmatrix}6/35\\1/7\end{pmatrix}t+\begin{pmatrix}173/1225\\-1/49\end{pmatrix}$

2. (1) $X=13\begin{pmatrix}1\\-1\end{pmatrix}e^{t}+2\begin{pmatrix}-4\\6\end{pmatrix}e^{2t}+\begin{pmatrix}-9\\6\end{pmatrix}$

(3) $X=\begin{pmatrix}1\\0\end{pmatrix}e^{-t}+\begin{pmatrix}1\\0\end{pmatrix}t-\begin{pmatrix}1\\0\end{pmatrix}$

찾아보기

요점만 배우는 알기 쉬운

미분방정식

지은이 이규봉
펴낸이 박문규
펴낸곳 경문사
펴낸날 2013년 9월 1일 1판 1쇄
등 록 1979년 11월 9일 제313-1979-23호
주 소 121-818, 서울특별시 마포구 와우산로 174
전 화 (02)332-2004 팩스 (02)336-5193
이메일 kyungmoon@kyungmoon.com

값 9,000원

ISBN 978-89-6105-704-2